去到事物的隐秘深处找寻相互关系.

——乔治·桑塔耶纳

《现代数学基础丛书》编委会

"十四五"时期国家重点出版物出版专项规划项目

国家科学技术学术著作出版基金资助出版

现代数学基础丛书 186

完美数与斐波那契序列

蔡天新 著

科学出版社

北 京

内 容 简 介

完美数和斐波那契序列是两个著名的数论问题和研究对象，两者都有着非常悠久的历史. 本书介绍了它们的发展史和现当代研究进展，包括作者、他的团队和同代人的研究成果. 特别地，作者提出了平方完美数问题，并首次揭示了古老的完美数问题与 13 世纪的斐波那契序列中的素数对之间的联系，这与 18 世纪瑞士大数学家欧拉将完美数问题与 17 世纪的梅森素数相联系一样有着重要的意义. 与此同时，书中还揭示了平方完美数与著名的孪生素数猜想之间的相互关系等奥秘，此外，作者还提出了一些可感知有意义的猜想.

本书不仅对数论研究本身有较高的理论价值，且由于行文的流畅和内容的可读性，也具有数学史和数学文化的传播功能.

图书在版编目(CIP)数据

完美数与斐波那契序列/蔡天新著. —北京：科学出版社，2021.10
（现代数学基础丛书；186）
ISBN 978-7-03-068818-7

Ⅰ. ①完… Ⅱ. ①蔡… Ⅲ. ①完全数②斐波那契序列 Ⅳ. ①O156

中国版本图书馆 CIP 数据核字(2021) 第 094979 号

责任编辑：王丽平 孙翠勤／责任校对：彭珍珍
责任印制：吴兆东／封面设计：陈 敬

科学出版社 出版
北京东黄城根北街 16 号
邮政编码：100717
http://www.sciencep.com

北京虎彩文化传播有限公司 印刷
科学出版社发行 各地新华书店经销

*

2021 年 10 月第 一 版 开本：720×1000 1/16
2022 年 10 月第五次印刷 印张：12 3/4
字数：240 000
定价：88.00 元
(如有印装质量问题，我社负责调换)

《现代数学基础丛书》序

对于数学研究与培养青年数学人才而言，书籍与期刊起着特殊重要的作用．许多成就卓越的数学家在青年时代都曾钻研或参考过一些优秀书籍，从中汲取营养，获得教益．

20 世纪 70 年代后期，我国的数学研究与数学书刊的出版由于"文化大革命"的浩劫已经破坏与中断了 10 余年，而在这期间国际上数学研究却在迅猛地发展着．1978 年以后，我国青年学子重新获得了学习、钻研与深造的机会．当时他们的参考书籍大多还是 50 年代甚至更早期的著述．据此，科学出版社陆续推出了多套数学丛书，其中《纯粹数学与应用数学专著》丛书与《现代数学基础丛书》更为突出，前者出版约 40 卷，后者则逾 80 卷．它们质量甚高，影响颇大，对我国数学研究、交流与人才培养发挥了显著效用．

《现代数学基础丛书》的宗旨是面向大学数学专业的高年级学生、研究生以及青年学者，针对一些重要的数学领域与研究方向，作较系统的介绍．既注意该领域的基础知识，又反映其新发展，力求深入浅出，简明扼要，注重创新．

近年来，数学在各门科学、高新技术、经济、管理等方面取得了更加广泛与深入的应用，还形成了一些交叉学科．我们希望这套丛书的内容由基础数学拓展到应用数学、计算数学以及数学交叉学科的各个领域．

这套丛书得到了许多数学家长期的大力支持，编辑人员也为其付出了艰辛的劳动．它获得了广大读者的喜爱．我们诚挚地希望大家更加关心与支持它的发展，使它越办越好，为我国数学研究与教育水平的进一步提高做出贡献．

杨　乐

2003 年 8 月

斐波那契像：乔瓦尼·帕格努奇创作于 1863 年，安放在意大利比萨奇迹广场的大教堂内

序　言

> 所谓机智, 就是把不相干的两件事情
> 联想到一起, 并且合情合理.
>
> ——题记

1

完美数的概念产生于古希腊, 毕达哥拉斯给出了简单明了的定义, 一个正整数 n 是完美数. 若它等于其真因子 (即它本身以外的因子) 之和, 用公式来表达便是

$$\sum_{d|n,d<n} d = n.$$

最小的两个完美数是 6 和 28, 这是因为

$$6 = 1 + 2 + 3,$$
$$28 = 1 + 2 + 4 + 7 + 14.$$

而假如一个正整数 n, 它的真因子之和大于或小于它本身, 则分别被称为盈数或亏数. 容易证明, 既存在无穷多个盈数, 也存在无穷多个亏数. 例如, 任意素数只有 1 是真因子, 故而是亏数. 早在公元前 3 世纪, 欧几里得的《几何原本》就已经证明, 素数有无穷多个, 故而有无穷多个亏数.

《几何原本》的另一个重要数论成果是, 证明了偶完美数的一个充分条件, 即若 p 和 $2^p - 1$ 均为素数, 则

$$2^{p-1}(2^p - 1)$$

必定是 (偶) 完美数.

上述形如 $2^p - 1$ 的素数被称为梅森素数, 因为 17 世纪的法国牧师梅森最早系统地研究了这类素数. 可是完美数究竟是有限个还是无穷多个? 时光流逝了近

2500 年, 人类仍没有找到答案. 事实上, 直到电子计算机诞生以前, 即 20 世纪前半叶, 人类只求得 12 个完美数或 12 个梅森素数. 于是, 我们有了完美数问题.

所谓 "完美数问题" 由两个问题组成:

(1) 是否存在无穷多个偶完美数?

(2) 是否存在奇完美数?

这是现存未解决的历史最悠久的数学难题, 远远早于其他未解决或已解决的著名问题, 例如: 丢番图数组、费尔马大定理、哥德巴赫猜想、华林问题、德波利尼亚克猜想 (包含孪生素数猜想)、黎曼猜想、庞加莱猜想、$3x + 1$ 问题、埃及分数问题、BSD 猜想、abc 猜想等等.

另一方面, 早在 1 世纪, 希腊数学家尼科马科斯就在他的著作《算术引论》中提出了关于完美数的 5 个猜想, 其中之一是说, 上述偶完美数的充分条件也是必要的. 另外两个猜想是, 所有完美数都是偶数, 完美数有无穷多个. 三者合在一起, 构成了完美数问题.

这个有关必要性的猜想曾被 11 世纪阿拉伯数学家海桑重提, 他有着 "光学之父" 的美誉, 但他同样无法证明. 直到 1747 年, 客居柏林的瑞士数学家欧拉才给出完全的证明, 从而使得肇始于古希腊的偶完美数问题与 17 世纪的梅森素数一一对应. 从欧几里得到欧拉, 历时 2000 多年. 这个结论也被称为

欧拉–欧几里得定理　　偶数 n 是完美数当且仅当

$$n = 2^{p-1}(2^p - 1),$$

其中 p 和 $2^p - 1$ 均为素数.

由于完美数十分稀缺, 自从中世纪以来, 便有人试图将其推广, 他们考虑这样的正整数, 它能整除自己的真因子之和. 换句话说, 在原来的公式右边添加了一个系数, 即

$$\sum_{d|n, d<n} d = kn,$$

此处 k 是正整数, 满足上述条件的 n 称为 k 阶完美数.

当 $k = 1$ 时, 即为普通意义的完美数. 这些数学家包括斐波那契、梅森、笛卡尔和费尔马, 以及后来的拉赫曼、卡迈克尔等人. 他们有的没有找到, 有的找到

若干个解, 第一个求得高阶完美数的是威尔士数学家雷科德. 1557 年, 他发现 120 是 2 阶完美数. 1637 年, 法国数学家费尔马发现 672 也是 2 阶完美数, 正是在那一年, 他提出了著名的费尔马大定理.

1644 年, 费尔马又找到一个 11 位的 2 阶完美数. 在此之前, 梅森和笛卡尔也分别找到了一个 9 位数和 10 位数的 2 阶完美数. 这三位法国人也都找到过其他阶的完美数. 不过无论哪一个, 都只发现一些零散的结果, 没有得到类似于欧拉--欧几里得定理那样优美深刻的结果, 即归结为梅森素数那样的无穷性.

从本书的叙述和探讨中大家可以看出, 完美数问题肇始于东地中海, 在亚、非、欧三大洲得以滋长. 尔后, 在电子计算机时代, 它又来到美洲, 并传遍全世界, 成为一个引人瞩目的数学和计算机问题.

在手工计算的漫长时代里, 人们历尽艰辛, 一共找到 12 个梅森素数. 从 1952 年到 1996 年, 人们借助计算机, 寻找到了 22 个梅森素数或 22 个完美数, 即从第 13 到第 34 个完美数.

也就在 1996 年, 美国计算机专家沃特曼编写了一个寻找梅森素数的特别计算程序, 这便是著名的 "梅森素数分布式网络搜索", 即 GIMPS (Great Internet Mersenne Prime Search) 计划, 也是世界上第一个基于互联网的分布式合作计算项目. 从那以后, 人们又找到了 17 个梅森素数, 也就是说, 我们又有了从第 35 个到第 51 个偶完美数.

2

时光返回到 700 多年前, 即 13 世纪初的亚平宁半岛. 在从前罗马帝国的土地上, 又诞生了一个全新的数学概念, 也就是斐波那契序列或斐波那契数列, 这是人类发明的第一个递归序列. 它最初是以 "兔子问题" 的形式出现在一本叫《算盘书》的书中, 作者是后来被称为斐波那契的比萨人. 这个 "兔子问题" 是这样描述的:

"假定一对成年兔子每月能生产一对 (一雌一雄) 兔子, 且一对小兔出生一个月即可交配, 再过一个月便能生育, 每月一次, 每次分娩一对 (一雌一雄). 那么, 由一对小兔开始, 一年后能繁殖成多少对兔子?"

　　显而易见, 第一个月和第二个月都只有 1 对兔子, 第三个月有 2 对兔子 (1 对
老兔子和 1 对新兔子), 第 4 个月有 3 对兔子 (2 对老兔子和 1 对新兔子), 第 5 个
月有 5 对兔子 (3 对老兔子和 2 对新兔子)······

　　设 F_n 表示第 n 个月的兔子对数, 它被称为斐波那契序列或斐波那契数列
(Fibonacci sequence) 或斐波那契数 (Fibonacci number) 的第 n 项, 这个数列
满足:
$$F_0 = 0, \quad F_1 = 1, \quad F_n = F_{n-2} + F_{n-1} \quad (n \geqslant 2),$$
斐波那契序列有许多有意思的性质. 例如, 1680 年, 意大利出生的法国数学家卡
西尼在担任巴黎天文台台长期间发现了下列恒等式
$$F_{n-1}F_{n+1} - F_n^2 = (-1)^n \quad (n \geqslant 1),$$
它后来被称作卡西尼恒等式. 由此也可以推出, 相邻的斐波那契数互素. 将近两
个世纪以后, 即 1879 年, 比利时出生的法国数学家卡塔兰将卡西尼恒等式推广为
(卡塔兰恒等式)
$$F_{n-r}F_{n+r} - F_n^2 = (-1)^{n-r+1} \quad F_r^2 (n \geqslant r \geqslant 1).$$
当 $r = 1$ 时, 此即为卡西尼恒等式. 20 世纪下半叶, 匈牙利出生在奥地利接受教育
的英国数学家瓦伊达进一步推广为 (瓦伊达恒等式)
$$F_{n+j}F_{n+k} - F_nF_{n+j+k} = (-1)^n F_j F_k$$

　　1718 年, 法国出生的英国数学家、概率论首席定理——中心极限定理的提出
者棣莫弗发现了下列通项公式
$$F_n = \frac{1}{\sqrt{5}} \left\{ \left(\frac{1+\sqrt{5}}{2} \right)^n - \left(\frac{1-\sqrt{5}}{2} \right)^n \right\}.$$
这个公式不难用归纳法证明. 1728 年, 瑞士数学家尼古拉斯·贝努利利用生成函
数的方法给予证明. 棣莫弗公式也被称为比内公式, 这是因为 1843 年, 法国数学
家比内重新发现了它. 1844 年, 法国工程师兼数学家拉梅也独立发现了这个公式.

　　由棣莫弗公式不难推出下列极限
$$\lim_{n \to \infty} \phi_n = \frac{\sqrt{5}+1}{2},$$

这里 $\phi_n = \dfrac{F_{n+1}}{F_n}$. 上式右边的值等于 $1.618\cdots$ (其倒数值等于 $0.618\cdots$), 即所谓的黄金分割率.

另一方面, 早在 1611 年, 德国天文学家、数学家开普勒已发现 $\lim\limits_{n\to\infty}\phi_n$ 的存在性.

上述有理数 ϕ_n 可以写成连分数, 即 $\phi_n = 1 + \cfrac{1}{1 + \cfrac{1}{1+n}}$.

1774 年, 法国数学家拉格朗日发现, 斐波那契序列存在所谓的皮萨罗周期: 任给正整数 n, 存在最小的正整数 $\pi(n)$ 称为它的皮萨罗周期, 满足

$$F_{k+\pi(n)} \equiv F_k (\mathrm{mod}\, n),$$

这里 k 为任意正整数.

容易算得, $\pi(1) = 1, \pi(2) = 3, \pi(3) = 8, \pi(4) = 6, \pi(5) = 20, \pi(6) = 24, \pi(7) = 16, \pi(8) = 12, \pi(9) = 24, \pi(10) = 60, \pi(11) = 10, \pi(12) = 24$.

例如, $\pi(2)$ 的循环为 $\{011\}$, $\pi(8)$ 的循环为 $\{011235055271\}$. 斐波那契原名是莱奥纳多·皮萨罗, 因此, 皮萨罗周期的命名是为了纪念斐波那契.

1876 年, 法国数学家卢卡斯证明了下列结论或定理: 对任意的正整数 m, n,

$$(F_m, F_n) = F_{(m,n)}.$$

由此不难推出, $F_m | F_n$ 当且仅当 $m|n$; 又若 $(m, n) = 1$, 则 $F_m F_n | F_{mn}$.

特别地, 除了 $F_4 = 3$, 若 F_n 为素数, 则必有 n 为素数. 又因为有任意长的连续的合数, 故而也有任意长的连续的斐波那契合数.

1970 年, 苏联数学家马基雅谢维奇证明了以下定理.

定理 (马基雅谢维奇)　　若 $F_m^2 | F_n$, 则有 $F_m | n$.

例如, $F_4^2 = 9 | F_{12} = 144$, 但是, 这个定理的逆命题并不成立, 例如, $5|15$, 但 $F_5^2 = 25610$.

由此出发, 这位 23 岁的圣彼得堡 (时称列宁格勒) 斯捷克洛夫研究所研究生证明了: 偶数项斐波那契数 $\{F_{2n}\}$ 是丢番图集, 从而证明了罗宾逊猜想成立, 希尔伯特第 10 问题得到了否定的回答, 这是斐波那契序列的一次重要应用. 所谓第

10 问题是, 试设计一种方法, 以便通过有限步运算来判别有理系数丢番图方程是否有有理整数解?

1972 年, 比利时退休医生和军官齐肯多夫证明了下列后来以他名字冠名的定理.

定理 (齐肯多夫)　每个正整数均可以唯一表示成不相邻的斐波那契数的和.

此处 $F_1 = F_2 = 1$ 只取一个. 这样的表示也被称作齐肯多夫表示, 对此我们做了推广.

除了卢卡斯定理, 卢卡斯还定义了卢卡斯数列和卢卡斯序列.

所谓卢卡斯数列或卢卡斯数是这样定义的,

$$L_0 = 2, \quad L_1 = 1, \quad L_n = L_{n-2} + L_{n-1} \quad (n \geqslant 2).$$

卢卡斯数与斐波那契数可谓是一对孪生姐妹. 它们有许多类似又相互独立的性质, 也有一些相关而有趣的性质. 例如,

$$F_{n+k} + (-1)^k F_{n-k} = L_k F_n,$$

$$L_n^2 - L_{n-r} L_{n+r} = (-1)^n 5 F_r^2,$$

$$L_n^2 - 5 F_n^2 = (-1)^n 4.$$

1964 年, 美国数学家卡里茨证明了:

(1) 若 $m | n$, 则 $L_m | L_n$ 当且仅当 $\dfrac{n}{m}$ 为奇数;

(2) $L_m | F_n$ 当且仅当 $2m | n$.

卢卡斯序列的定义如下:

设 P, Q 是两个非零整数, 考虑二项式 $X^2 - PX + Q$, 它的判别式为 $D = P^2 - 4Q$, 其根为

$$\alpha, \beta = \frac{P \pm \sqrt{D}}{2}.$$

假设 $D \neq 0$, 则有 $D \equiv 0 \pmod 4$ 或者 $D \equiv 1 \pmod 4$. 定义下列两个序列

$$U_n(P, Q) = \frac{\alpha^n - \beta^n}{\alpha - \beta}, \quad V_n(P, Q) = \alpha^n + \beta^n \quad (n \geqslant 0).$$

序列 $U(P,Q) = \{U_n(P,Q)\}_{n\geqslant 1}$ 和 $V(P,Q) = \{V_n(P,Q)\}_{n\geqslant 1}$ 被称为与数对 $\{P,Q\}$ 对应的卢卡斯序列, 第二个序列也被称为第一个序列的相伴序列.

　　例如, $P=1, Q=-1$, 此时这两个序列分别是斐波那契数和卢卡斯数. 也就是说, 卢卡斯数是斐波那契数的相伴序列.

　　随着科学技术的进一步发展, 人们逐渐发现, 除了自身层出不穷的性质和与其他数学问题发生的联系以外, 斐波那契序列在现代物理、化学、准晶体结构等领域都有直接应用. 1963 年, 国际斐波那契协会正式成立, 这是由两位美国数学家发起的. 同年,《斐波那契季刊》(The Fibonacci Quarterly) 创刊, 专门刊登这方面的研究成果. 从 1984 年开始, 又两年一度以斐波那契协会的名义在世界各国轮流 (起初是美国与各国轮流) 举办斐波那契序列国际会议.

　　在本书的第 1 章和第 2 章, 我们回顾了完美数的历史和研究现状; 第 3 章和第 4 章描述并探讨了有关斐波那契序列、卢卡斯数和卢卡斯序列的各种性质, 有些是各国同行最新的研究成果, 有些是我们自己做的. 除了完美数问题以外, 还有许多未解之谜留存下来. 例如, 是否存在无穷多个斐波那契素数, 或者, 是否存在无穷多个卢卡斯素数?

　　本书还着重探讨了 14 世纪印度数学家 Narayana Pandita 的奶牛序列, 即

$$G_0 = 0, \quad G_1 = G_2 = G_3 = 1, \quad G_n = G_{n-1} + G_{n-3} \quad (n \geqslant 3).$$

它是斐波那契序列的自然推广, 我们得到了它的许多相应的有趣而深刻的恒等式或同余式, 包括卡西尼恒等式和瓦伊达恒等式的推广, 加法公式和各种负项的表示法, 以及类似于卢卡斯数的相伴序列 M_n 等相关性质. 遗憾的是, 尽管斐波那契序列与无数数学内外的问题相关联, 目前我们尚未发现 Narayana 奶牛序列的应用. 但却有一些问题或猜想, 例如, 除了 0、1、3、8, 是否还有 n, 使得 $G_{-n} = 0$?

3

　　千百年来, 完美数问题和斐波那契序列各自独立发展, 研究队伍和组织不断壮大, 但它们似乎从未有过交集, 至少没有完美数与梅森素数之间那种密切的关联.

2012 年春天, 作者在准备研究生讨论班的素材时, 想到并提出了平方完美数或平方和完美数问题, 即求解满足下列方程的正整数解:

$$\sum_{d|n,d<n} d^2 = 3n.$$

这其中, 系数 3 是经过反复考虑、推敲的. 之后, 在不到一周的时间里, 我和两位研究生便推出了奇妙的结果. 首先, 我们获得并证明了一个与斐波那契序列密切相关的充分必要条件:

定理　上述方程的所有解为 $n = F_{2k-1}F_{2k+1}(k \geqslant 1)$, 其中 F_{2k-1} 和 F_{2k+1} 是斐波那契孪生素数.

此处, 斐波那契孪生素数是指下标相差 2 的两个斐波那契素数. 由卢卡斯定理, $(2k-1, 2k+1)$ 必须是孪生素数. 前 3 对分别为 $(2,5) = (F_3, F_5), (5,13) = (F_5, F_7), (89, 233) = (F_{11}, F_{13})$. 第 4 对 (F_{431}, F_{433}) 和第 5 对 (F_{569}, F_{571}) 已是天文数字. 其中 $n = 10$ 是唯一的偶数解, 这是因为 2 是唯一的偶素数. 下一个可能的可解数 (平方完美数) 至少有 822878 位.

考虑到已知的第 51 个梅森素数有 24862048 位, 假如我用类似于 GIMPS 计划那样的方法去寻找斐波那契孪生素数对, 应该可以找到更多的平方完美数. 然而现在, 我们既不知道是否还有第 6 个平方完美数, 也无法否定不存在无穷多个平方完美数, 这一情形就如同费尔马素数一样.

我们不妨称经典的完美数为 M 完美数, 因为它与梅森素数 (Mersenne prime) 一一对应, 而称平方完美数为 F 完美数, 因为它与斐波那契孪生素数 (Fibonacci twin prime) 一一对应. 值得一提的是, 在 2013 年福冈中日数论会议上, 日本名古屋大学数论学家松本耕二建议分别称之为阴、阳完美数, 因为男性 (male) 和女性 (female) 在英文里的第一个字母分别是 M 和 F.

之后, 我们研究了更一般的情形, 对于任意正整数 a 和 b, 考虑方程

$$\sum_{d|n,d<n} d^a = bn.$$

我们得到了下列结果:

若 $a = 2, b \neq 3$, 或 $a \geqslant 3, b \geqslant 1$, 则上述方程至多有有限多个解. 特别地, 若 $a = 2, b = 1$ 或 2, 上述方程无解.

换句话说, 除了 M 完美数和 F 完美数, 似乎再也没有其他引人入胜的完美数了. 可是, 当我们考虑在上述方程的右端加上一个常数项, 情况又发生了变化, 新的转机出现了. 不久, 我和另外三位研究生又把问题推广到更一般的情形. 确切地说, 我们把经典完美数问题推广到平方完美数, 使之相继与斐波那契序列、卢卡斯数以及卢卡斯序列中的素数对发生联系. 特别地, 与孪生素数猜想、德波利尼亚克猜想和索菲·热尔曼素数猜想相互联系.

这其中, 德波利尼亚克猜想说的是, 任给正整数 k, 存在无穷多对素数, 它们的差是 $2k$. 特别地, 当 $k = 1$ 时, 此即为赫赫有名的孪生素数猜想. 德波利尼亚克与黎曼同年出生, 早三年去世, 1849 年, 他提出了德波利尼亚克猜想.

我们证明了下列结果:

设 A 和 k 是正整数, 考虑方程

$$\sum_{d|n, d<n} d^2 = An + (k^2 + 1),$$

则 (i) 若 $A \neq 2$, 或者 k 为奇数, 则上述方程只有有限多个解.

(ii) 若 $A = 2$, k 为偶数, 则除去有限个在范围 $n \leqslant (|A| + k^2 + 1)^3$ 内可计算的解以外, 上述方程的所有解为 $n = p(p + k)$, 其中 p 和 $p + k$ 均为素数.

推论 A　任给正整数 k, 方程

$$\sum_{d|n, d<n} d^2 = 2n + 4k^2 + 1$$

有无穷多个解, 当且仅当德波利尼亚克猜想成立.

特别地, 当 $k = 1$ 时, 我们有下列推论.

推论 B　方程

$$\sum_{d|n, d<n} d^2 = 2n + 5$$

有无穷多个解, 当且仅当孪生素数猜想成立.

对任意整数 A 和 B, 考虑下列方程的正整数解.

$$\sum_{d|n,d<n} d^2 = An + B.$$

我们证明了下列结果.

设 P 是整数, 则除了有限多个在范围 $n \leqslant (|A|+|B|)^3$ 内可计算的解以外, 上述方程的所有正整数解为

(i) $n = U_{2k-1}(P,-1)U_{2k+1}(P,-1)$, 其中 $A = P^2 + 2, B = -P^2 + 1$, 且 $U_{2k-1}(P,-1)$ 和 $U_{2k+1}(P,-1)$ 均为素数.

(ii) $n = U_{2k}(P,-1)U_{2k+2}(P,-1)$, 其中 $A = P^2 + 2, B = P^2 + 1$, 且 $U_{2k}(P,-1)$ 和 $U_{2k+2}(P,-1)$ 均为素数.

(iii) $n = U_{k-1}(P,1)U_{k+1}(P,1)$, 其中 $A = P^2 - 2, B = P^2 + 1$, 且 $U_{k-1}(P,1)$ 和 $U_{k+1}(P,1)$ 均为素数.

当然, 平方完美数也有一些问题遗留下来. 除了包括无穷性在内的完美数个数问题以外, 还有德波利尼亚克猜想的推广——迪克森猜想, 以及推广的推广——辛策尔猜想, 是否可转化为相应方程解数无穷性的等价形式? 又如, 是否存在二次整系数多项式 $f(n) = an^2 + bn + c$, 使得

$$\sum_{d|n,d<n} d^2 = f(n)$$

的解 (除去有限多个可计算的以外) 有一个与素数相关的表达式?

4

除了平方完美数问题及其推广, 我们还构建了一类新的加乘方程, 使得斐波那契数列与之发生联系. 这个问题的研究方法很丰富, 难度不好估量, 且似乎无法穷尽. 无论对其有解性的判断, 还是有解时解的个数和结构, 都是非常值得我们探讨的. 这个问题便是 abcd 方程.

2013 年初, 作者偶然定义了下列 abcd 方程, 没想到它也与斐波那契数列产生了紧密的联系.

定义　设 n 是正整数, a, b, c, d 是正有理数, 所谓 abcd 方程是指

$$n = (a+b)(c+d),$$

其中

$$abcd = 1.$$

我们得到的一个结果是:

当 $n = F_{2k-3}F_{2k+3}(k \geqslant 0)$ 时, abcd 方程有解, 且其解为 $(a, b, c, d) = \left(F_{2k-1}, \right.$ $\left. \dfrac{1}{F_{2k-1}}, F_{2k+1}, \dfrac{1}{F_{2k+1}} \right).$

假如我们考虑方程

$$n = \left(a + \frac{1}{a} \right) \left(b + \frac{1}{b} \right),$$

此处 a 和 b 均是正整数. 显而易见, 若上述方程有解, 则 abcd 方程必有解. 利用斐波那契数列的皮萨罗周期, 我们证明了下列结果:

若 n 为奇数, 上述方程有解, 则必 $n \equiv 5(\bmod \ 8)$. 若 n 为偶数, 上述方程有解, 则必 $n = 4m, m = 1(\bmod \ 16)$.

至于研究工具和手段, 除了各种精细的数论方法和技巧, 斐波那契和卢卡斯数的各种恒等式以外, 还需要利用椭圆曲线的性质、群结构和挠点理论. 下面我们举例说明, 在 abcd 方程有解时如何确定解的无穷性.

容易看出, abcd 方程的可解性等价于下列方程

$$n = x + \frac{1}{x} + y + \frac{1}{y}$$

是否有正有理数解.

当 $n \geqslant 5$ 时, 我们需要把上述方程转化为下列椭圆曲线.

设 $n \geqslant 5$,

$$E_n : Y^2 = X^3 + \left(n^2 - 8 \right) X^2 + 16X$$

是一簇椭圆曲线, 前述方程有解当且仅当 E_n 上有满足 $X < 0$ 的有理点.

例　方程

$$5 = x + \frac{1}{x} + y + \frac{1}{y}$$

有唯一的正有理数解 $x = y = 2$.

事实上, 这个方程对应的椭圆曲线为

$$E_5 : Y^2 = X^3 + 17X^2 + 16X, \quad X < 0.$$

利用 Magma 程序包, 可求得 E_5 的秩为 0. 由著名的莫德尔定理, 有理数域上的椭圆曲线 E_5 的所有有理点构成的集合 $E_5(\mathbb{Q})$ 是有限生成的阿贝尔群, 满足

$$E_5(\mathbb{Q}) \cong E_5(\mathbb{Q})_{tor} \oplus \mathbb{Q}^r,$$

此处 $E_5(\mathbb{Q})_{tor}$ 为 $E_5(\mathbb{Q})$ 的挠部, 经计算可求得 $E_5(\mathbb{Q})$ 的全部有理点为

$$\{(-16,0), (-4,-12), (-4,12), (1,0), (0,1), (4,-20), (4,20), \infty\},$$

最后一个为无穷远点. 依次代入方程, 可得仅有的一个解是 $x = y = 2$.

当 $n \geqslant 6$ 时, 利用椭圆曲线的性质和挠点理论, 可以得到下列结果:

当 $n \geqslant 6$ 时, 若 abcd 方程有正有理数解, 则必有无穷多个有理数解.

例　方程

$$13 = x + \frac{1}{x} + y + \frac{1}{y}$$

有无穷多个正有理数解.

事实上, 这个方程对应的椭圆曲线为

$$E_{13} : Y^2 = X^3 + 161X^2 + 16X, \quad X < 0.$$

利用 Magma 程序包, 可求得 E_{13} 的秩为 1. 再由莫德尔定理, 可求得 E_{13} 的生成元为 $P(X,Y) = (-100, 780)$. 利用群法则可得, E_{13} 满足 $X < 0$ 的所有有理点为 $[2k+1]P$, 此处 k 为任意非负整数. 经变换和计算 (详见 [2]), 可求得上述方程的第 1 个正有理数解 $(x,y) = \left(\frac{2}{5}, 10\right)$ (容易验证). 第 2 个解和第 3 个解分别为

$$(x,y) = \left(\frac{924169}{228730}, \frac{1347965}{156818}\right).$$

$$(x,y) = \left(\frac{33896240819350898}{3149745790659725}, \frac{12489591059767450}{8548281631402489}\right),$$

再由前述定理, 即知 abcd 方程 ($n = 13$) 有无穷多个正有理数解.

　　20 世纪伟大的物理学家爱因斯坦曾在自传笔记里写道："真正的定律不可能是线性的, 它们也不可能由线性导出." 这可能是他发现狭义相对论的质能转换公式以后得意心情的流露, 虽有些极端, 但在本书获得了印证.

蔡天新

2021 年春天, 杭州

目　　录

第 1 章 完美数的历史

> 能找到的完美数不多, 好比人类一
> 样, 要找一个完美的人亦非易事.
>
> ——(法国) 勒内·笛卡尔

1.1 何为完美数?

2000 年, 美国的克莱数学研究所提出了 "千禧年数学问题", 共有七个难题, 并承诺为每个难题的解决给予 100 万美元的奖赏. 克莱 (Landon Clay, 1926—2017) 是波士顿商人, 他创办的数学研究所宗旨是 "提升和传播数学知识". 仅仅过了三年, 其中的庞加莱猜想就被数学家佩雷尔曼 (Grigori Perelman,1966—) 攻克. 又过了三年, 在马德里召开的第 25 届国际数学家大会上, 国际数学联盟授予佩雷尔曼数学领域的最高奖——菲尔兹奖, 但他自认为已经从数学研究中获得足够的乐趣, 故而拒绝领奖. 稍后, 他也拒绝了奖金丰厚的千禧年奖.

也是在 2000 年, 意大利数学家、伽利略奖和皮亚诺奖获得者皮·奥迪弗雷迪 (P. Odifreddi, 1950—) 出版了《数学世纪——过去 100 年间 30 个重大问题》一书, 阐述了 20 世纪取得重大突破的 30 个数学问题或进展, 其中纯粹数学 15 个、应用数学 10 个、数学与计算机 5 个. 最后, 他提出了未解决的 4 个难题, 首先就是 "完美数问题", 另外 3 个是黎曼猜想、庞加莱猜想和 P=NP 问题. 奥迪弗雷迪曾执教米兰大学和美国康奈尔大学, 现为都灵大学的数理逻辑学教授, 其哲学和政治观点趋近于罗素 (Bertrand Russell,1872—1970) 和乔姆斯基 (Noam Chomsky, 1928—).

完美数 (Perfect number, 希腊语 $\tau \acute{\epsilon} \lambda \epsilon \iota o \varsigma \ \alpha \rho \iota \theta \mu \acute{o} \varsigma$), 又译为完全数或完备数, 是指这样的正整数, 它自身以外的因子 (真因子) 之和恰好等于其本身. 或许古埃及人已对此类数感兴趣了, 对此我们无法予以证实. 但人们相信, 公元前 6 世纪的古希腊数学家毕达哥拉斯 (Pythagoras, 约前 580 —前 500) 已经做过这方面的研究了, 他知道 6 和 28 是完美数, 这是因为

$$6 = 1 + 2 + 3,$$

$$28 = 1 + 2 + 4 + 7 + 14.$$

毕达哥拉斯声称, "6 象征着完满的婚姻以及健康和美丽, 因为它的部分是完整的, 并且其和等于自身. "

从定义可以看出, 一个自然数 n 是完美数当且仅当它满足方程

$$\sum_{d|n,d<n} d = n. \tag{1.1}$$

这里 $\sum$ 是求和符号. 若用希腊字母 sigma 来记, 即 $\sigma(n) = \sum_{d|n} d$, 则 (1.1) 等价于

$$\sigma(n) = 2n. \tag{1.2}$$

图 1.1 毕达哥拉斯像

《圣经·旧约》首卷《创世纪》里提到, 上帝用 6 天的时间创造了世界, 第 7 天是休息日. 1 世纪成书的《论创造》是亚历山大的菲罗 (Philo Judaeus 或 Philo of Alexandria, 约前 15—约 50) 的著作, 这位操希腊语的犹太哲学家在书中声称, 世界是在 6 天内创造出来的, 月亮围绕地球旋转所需的时间是 28 天. 后来, 希腊神学家、圣经学家奥利金 (Origen, 约 185—约 254) 和最博学的苦行者、盲人狄迪摩斯 (Didymus the Blind, 约 313—约 398) 补充道, 只有 4 个完美数小于 10000.

图 1.2 圣奥古斯丁像

5 世纪初, 古罗马哲学家、神学家圣奥古斯丁 (Saint Augustine, 354—430) 在他的名著《上帝之城》中进一步写道: "6 这个数本身就是完美的, 并不因为上帝造物用了 6 天; 事实上, 因为这个数是一个完美数, 所以上帝在 6 天之内就把一切事物都造好了. "

那以后, 完美数尤其是数字 6 对人类就有了特殊的含义和吸引力. 例如, 19 世纪的美国诗人萨克斯 (J. G. Saxe, 1816—1887) 依据古印度的寓言故事, 写成了一首诗《盲人与大象》, 传遍了世界. 这首诗的开头是这样写的,

> 六个印度斯坦男人
>
> 学习常常各有偏见
>
> (虽说眼睛都已瞎了)
>
> 一次他们去看大象
>
> 各人用自己手触摸
>
> 心里头以为有把握
>
> ……

他们得出的结论分别是: 身体像一堵墙, 牙齿如标枪, 鼻子像一条蛇, 耳朵如扇子, 大腿像一棵树, 尾巴如粗绳.

1919 年出版的英国作家毛姆 (W. S. Maugham, 1874—1965) 的小说《月亮和六便士》, 取材于法国画家高更 (Paul Gauguin, 1848—1903) 的故事, 逃避现实的主题使之成为流行小说, 成为文学史的经典之作. 1968 年, 美国导演库布里克 (Stanley Kubrick, 1928—1999) 拍摄了鸿篇巨制《2001: 太空漫游》, 被公认是引人深思的伟大影片之一. 这部影片改编自科幻小说, 虚构了人类登陆八亿公里以外木星的计划, 主要人物也是 6 位, 他们是大卫船长、飞行员弗兰克、机器人 HAL9000 和三位冬眠的宇航员.

1.2　《几何原本》

古希腊有两个欧几里得, 一个是公元前 5 世纪后期苏格拉底的学生、麦加拉哲学学派创立者 Euclid of Magara, 另一个是我们熟知的有着 "几何学之父" 美誉的数学家欧几里得 (Euclid of Alexandria), 他生活在公元前 4 世纪和前 3 世纪之交, 虽说我们不知道他的生卒年和出生地, 但确信他曾在雅典的柏拉图学园求学, 后来执教于亚历山大大学数学系.

欧几里得的代表作《几何原本》(*Elements*) 主要讲几何学, 但第 7—9 章是

关于算术即数论的, 包括给出前述完美数的定义, 书中得到了偶数是完美数的一个充分条件, 即

若 p 和 $2^p - 1$ 均为素数, 则

$$2^{p-1}(2^p - 1) \tag{1.3}$$

必定是完美数.

图 1.3　19 世纪的欧几里得塑像。现藏牛津大　　　图 1.4　《几何原本》英文版（1570）
　　　　　学博物馆

为了证明 (1.3), 我们先来给出上节定义的数论函数 $\sigma(n)$ 的计算公式, 同时论证它是可乘函数, 也即对于任意互素的正整数 m 和 n, 恒有

$$\sigma(mn) = \sigma(m)\sigma(n).$$

首先, 若 $n = p$ 是素数, 则显然它只有 1 和 p 两个因子,

$$\sigma(n) = \sigma(p) = 1 + p.$$

其次, 若 $n = p^k$, 则 n 的每个因子必为形如 p^i 的整数, 此处 $0 \leqslant i \leqslant k$. 故而, 由等比级数的求和公式,

$$\sigma(n) = \sigma(p^k) = 1 + p + \cdots + p^k = \frac{p^{k+1} - 1}{p - 1}.$$

再次, 设 n 是两个不同素数的乘积, $n = pq$, 则 n 的所有因子为 $1, p, q$ 和 pq, 故而,

$$\sigma(n) = \sigma(pq) = 1 + p + q + pq = (1 + p)(1 + q) = \sigma(p)\sigma(q).$$

现在, 假设 m 和 n 是互素的正整数, 若 $d|mn$, 则由数论的整除性质可知, 必定存在唯一的正整数 d_m 和 d_n, $d_m|m$, $d_n|n$, 满足 $d = d_m d_n$. 事实上, 我们可以取 $d_m = (d, m)$, $d_n = (d, n)$. 反之, 若 $d_m|m$, $d_n|n$, 则由 $(m, n) = 1$, 可知 $d_m d_n|mn$. 因此,

$$\sigma(mn) = \sum_{d|mn} d = \sum_{d_m|m, d_n|n} d_m d_n = \sum_{d_m|m} d_m \sum_{d_n|n} d_n = \sigma(m)\sigma(n),$$

$\sigma(n)$ 的可乘性得证.

有了 $\sigma(n)$ 的可乘性, 我们就可以得到它的计算公式

$$\sigma(n) = \sum_{p^k \| n} \frac{p^{k+1} - 1}{p - 1},$$

同时得知, (1.3) 满足 (1.2), || 表示刚好整除.

欧几里得的证明 因为 2^{p-1} 和 $2^p - 1$ 互素, 即 $(2^{p-1}, 2^p - 1) = 1$, 故由 $\sigma(n)$ 的可乘性, 可求得 $n = 2^{p-1}(2^p - 1)$ 的一切因子之和为

$$\sigma(n) = (1 + 2 + \cdots + 2^{p-1})(1 + 2^p - 1) = 2^p(2^p - 1) = 2n.$$

上述完美数的充分条件及其证明出现在《几何原本》第 9 章, 属于命题 36(最后一个命题), 在同一章的命题 20, 欧几里得证明了素数有无穷多个. 另一方面, 相传早在公元前 4 世纪, 毕达哥拉斯学派的信徒、数学力学的奠基人阿契塔 (Archytas, 活动时期在公元前 400—前 350)

图 1.5 柏拉图的弟子
阿契塔

就已经知道了这个充分条件. 阿契塔是哲学家柏拉图 (Plato, 公元前 427—前 347) 的挚友, 曾担任希腊军队总司令一职, 也被认为是风筝的发明者.

值得一提的是,《几何原本》中译本是在 1607 年出版的, 由意大利传教士、汉学家利玛窦 (M. Ricci, 1552—1610) 和明代学者徐光启 (1562—1633) 合作翻译.

可惜他们只译出前 6 章. 全译本要等到 1857 年才出版, 后 9 章由英国传教士、汉学家伟烈亚力 (A. Wylie, 1815—1887) 和清代数学家李善兰 (1811—1882) 合译. 也就是说, 直到那时, 中国人才知道完美数. 据说当年译完前 6 章时, 徐光启余兴未了, 要求译到第 9 章, 利玛窦未予同意. 否则的话, 我们祖先会早 4 个世纪就知道完美数和素数的那些事了.

1.3 尼科马科斯

自从诞生以来, 完美数就有着一种诱人的魔力, 吸引着众多的数学家和业余爱好者, 他们像淘金者一样, 永不停歇地去寻找. 接下来发现的第 3 个和第 4 个完美数分别是 496 和 8128, 大约在公元 100 年, 新毕达哥拉斯学派成员尼科马科斯 (Nicomachus, 约 60—约 120) 写下了名著《算术引论》(*Introduction to Arithmetic*), 提到了这两个完美数, 这是现存最早的文字记录.

图 1.6 《算术引论》的阿拉伯文译本 (901), 叙利亚数学家泰比特译, 现藏大英图书馆

在《算术引论》一书中, 尼科马科斯还提出了有关完美数的 5 个猜想, 这些也是关于完美数最早的猜想:

1) 第 n 个完美数是 n 位数;

2) 所有的完美数都是偶数;

3) 完美数交替以 6 和 8 结尾;

4)《几何原本》中完美数的充分性也是必要的;

5) 存在无穷多个完美数.

这其中, 1) 和 3) 后来被证明是错误的, 4) 被 18 世纪的瑞士数学家欧拉 (L. Euler, 1707—1783) 证明了 2) 和 5), 即今天所指的完美数问题.

尼科马科斯出生于罗马帝国叙利亚行省的杰拉什 (Gerasa), 因此他被称为 Nicomachus of Gerasa. 事实上, 公元前 4 世纪, 古希腊出过一个叫尼科马科斯的画家, 只是作者既没见到过他的作品, 也不知两个尼科马科斯是否有血缘关系.

但那位以《建筑十书》传世的古罗马工程师、建筑师、作家和鉴赏家维特鲁威 (Marcus Vitruvius Pollio, 约公元前 80(70)—约公元 15) 曾经说过, "如果说尼科马科斯的名声不如其他人那么大, 那只是因为他的命运不佳, 而不是因为他的贡献少." 无论如何, 尼科马科斯 *这个名字应该被我们记住.

杰拉什现隶属于约旦王国, 并易名 Jerash, 该城位于首府大马士革 (现叙利亚首都) 与约旦首都安曼和死海之间, 是约旦境内保存得最完好的古罗马城市之一, 也是联合国教科文组织名下的世界文化遗产. 2004 年夏天, 我从大马士革乘车去往安曼途中, 曾经过此城, 看到古城遗址的石板街道平坦悠长, 两侧廊柱林立, 山巅屹立着神殿, 还有壮观的扇形剧场, 残缺的浴池和喷泉, 难怪有 "亚洲庞贝" 或 "中东庞贝" 之称.

行省制度是罗马帝国对海外领土的管理制度, 起始于西西里, 共有 13 个行省 (province), 持续了 7 个多世纪. 叙利亚行省包括今天的以色列、黎巴嫩、叙利亚和约旦, 拥有若干商业良港, 玻璃和青铜工业发达, 高层楼房比罗马还多, 可谓盛极一时的罗马帝国行省. 杰拉什在学术方面擅长医学、修辞学和法学, 在文化上受

图 1.7 古城杰拉什

到亚里士多德的影响, 闻名于世的罗马法的两个关键人物伯比尼安和乌尔比安便出自于这里. 在这样唯理主义气氛的环境中, 也熏陶出了数学家尼科马科斯.

《算术引论》不像《几何原本》那样, 只是抽象地叙述和证明定理, 书中给每个定理以若干例证, 还包含了希腊最早的乘法表, 因此被视为权威的典籍长达一千多年. 遗憾的是, 尼科马科斯没有画像留下来 (M. 克莱因在《古今数学思想》里认为他可能是阿拉伯人),《算术引论》的阿普列乌斯 (Lucius Apuleius, 约 124—约 170 以后) 的拉丁文译本 (2 世纪中期) 也已佚失, 幸好波伊提乌斯 (Anicius Boethius, 480—524) 编译的拉丁文版本 (约 500) 保留了下来, 此书直到文艺复兴时期仍被用作教科书.

* 尼科马科斯也是亚里士多德的父亲和儿子的名字, 在文艺复兴画家拉斐尔的名画《雅典学派》中, 亚里士多德手里拿着的著作正是《尼科马科伦理学》(The Nicomachean Ethics). 此书题献给他的儿子 (也有说题献给他的父亲).

　　值得一提的是, 阿普列乌斯是文学家, 以一部《金驴记》(又译《变形记》) 传世, 这部散文作品讲述了一个变成驴的青年的故事. 而波伊提乌斯是政治家, 罗马参议员、执政官和 "最后一位哲学家". 那时罗马已沦为哥特人的附庸, 但波伊提乌斯的才华受到东哥特王国国王的赏识. 只是世事无常, 523 年他被诬陷, 以阴谋叛国罪被投入监狱, 翌年被秘密处死. 在狱中波伊提乌斯写成了《哲学的慰藉》, 面对自己一生的跌宕起伏, 这部千古名著思人生之意义, 究命运之无常.

　　由于毕达哥拉斯没有数学著作流传下来, 欧几里得的《几何原本》又只有部分篇章讨论数论, 尼科马科斯的《算术引论》可谓是第一部专门讨论算术 (数论) 的著作, 考虑到以往对他介绍得比较少, 因此我们想在这里多予描述. 《算术引论》既讨论了偶数、奇数、矩形数、多角形数, 也论述了素数、合数和形如 $n^2(n+1)$ 的六面体数.

　　例如, 第 $n-1$ 个三角形数加上第 n 个 k 角形数会得到第 n 个 $k+1$ 角形数. 又如, 第 n 个三角形数, 第 n 个正方形数, 第 n 个五角形数, 等等, 形成一个算术级数, 其公差为第 $n-1$ 个三角形数. 再如, 第 $n-1$ 个三角形数加上第 n 个正方形数等于第 n 个五角形数, 即

$$\frac{n(n-1)}{2} + n^2 = \frac{n(3n-1)}{2}.$$

　　美国数学史家 M. 克莱因 (Morris Kline, 1908—1992) 认为, 从历史意义上讲, 《算术引论》对于数论的重要性, 堪与《几何原本》对于几何的重要性媲美. 毕达哥拉斯和柏拉图都强调 "四艺", 即算术、几何、音乐和天文, 尼科马科斯进一步指出 "算术是其他学科之母". 他认为, 算术对于其他学科至为重要, 因为没有它别的学科就不存在, 而若是其他学科被取消, 算术却仍能存在. 全书对整数和整数之比, 作了系统、有条理、清晰而内容丰富的叙述, 完全不依赖于几何. 自那以后, 算术而不是几何风行于希腊, 这才导致丢番图和他的《算术》的出现.

　　尼科马科斯的另一部著作叫《和声学手册》, 论述了毕达哥拉斯的音乐理论. 他还写过两卷本的《数的神学》, 可惜只有片段留存下来. 其中, 也包含了一个今天仍为我们熟知的漂亮恒等式.

尼科马科斯定理 前 n 个立方数的和等于前 n 个正整数之和 (也是第 n 个三角形数) 的平方, 即

$$1^3+2^3+3^3+\cdots+n^3 = (1+2+3+\cdots+n)^2$$

或

$$\sum_{k=1}^{n} k^3 = \left(\sum_{k=1}^{n} k\right)^2.$$

1.4 平方和与立方和

依照欧几里得或阿契塔提供的完美数充分条件 (1.3), 当 p 取 2 和 3 时, 分别对应于 6 和 28 这两个完美数; 而当 p 取 5 和 7 时, 则分别对应于 496 和 8128. 由于对比较小的 p, 2^p-1 是素数不难验证, 因此我们认为, 第 3 个、第 4 个甚或第 5 个完美数应该在欧几里得时代就被发现. 遗憾的是, 这一愿望未能如愿, 究其原因, 应与希腊文明的衰败和隐退有关, 无论是罗马统治时期, 还是在漫长的中世纪, 数学和哲学一样都渐行渐远.

在东方, 5 世纪的印度数学家阿耶波多 (Aryabhata, 476—550) 也发现了尼科马科斯定理. 他是印度历史上第一个重要的数学家兼天文学家, 出生在今比哈尔邦首府巴特那附近的恒河南岸, 他的数学成果主要是为了研究天文学而产生的. 为了纪念阿耶波多, 1975 年, 印度发射的第一颗人造地球卫星以他的名字命名. 在代表作《阿耶波多历数书》(499) 里, 他给出了辗转相除法 (欧几里得算法)、圆周率 3.1416、正弦表 (sin 是其拉丁文音译), 以及连续 n 个正整数平方和与立方和的关系表达式.

这部历书中特别提到, 作者时年 23 岁, 刚好是迦利由迦 (Kali Yuga)3600 年. 根据传统的印度教宇宙论, 有一个叫由迦的时间单位, 世界的一个周期由 4 个由迦组成, 分别叫吉利多 Krita(或 Satya)、特雷多 (Treta)、德伐波罗 (Dvapar) 和迦利 (Kali), 它们依次是人类的黄金时代、精神时代、女权时代和物质时代, 长度次第缩短. 吉利多共 1728000 年, 迦利共 432000 年, 后者开始于公元前 3202 年, 因此 3600 年便是公元 499 年. 由此推算, 阿耶波多出生于公元 476 年.

　　下面我们给出的是英国物理学家、以惠斯通电桥闻名的发明家惠斯通爵士 (Sir Charles Wheatstone, 1802—1875)1854 年发现的尼科马科斯定理的简洁证明. 值得一提的是, 发明惠斯通电桥的是英国发明家克里斯蒂 (Samuel Christie, 1784—1865), 那是在 1833 年. 十年以后, 惠斯通将其改进 (如同瓦特对蒸汽机的改进), 并首次用它来测量电阻. 之后, 这项发明才被迅速推广, 并应用于电报业. 以下便是惠斯通对尼科马科斯定理的证明:

$$\sum_{k=1}^{n} k^3 = 1 + 8 + 27 + \cdots + n^3$$

$$= \{1\} + \{3+5\} + \{7+9+11\} + \cdots + \left\{ \left(n^2-n+1\right) + \cdots + \left(n^2+n-1\right) \right\}$$

$$= 1 + 3 + 5 + \cdots + \left(n^2 + n - 1\right).$$

注意到前 n 项连续正奇数之和为 n 的平方, 故而上述和式的值为

$$\left(\frac{n^2+n}{2}\right)^2 = (1+2+\cdots+n)^2 = \left(\sum_{k=0}^{n} k\right)^2.$$

图 1.8　惠斯通爵士像
(1868)

　　值得一提的是, 前 n 个奇数之和等于 n 的平方, 这个可用归纳法推出的结果曾被 5 岁的男孩柯尔莫哥洛夫 (Andrey Kolmogorov, 1903—1987) 独立发现, 他因此迷恋上了数学, 并成为 20 世纪最伟大的数学家之一和现代概率论的奠基人. 柯尔莫哥洛夫出生在莫斯科西南 500 公里处的坦波夫, 未婚的母亲在分娩他时去世了, 他先是在雅罗斯拉夫尔外祖父家由两个姨母抚养并从母姓, 7 岁那年被其中的一个姨母正式收养, 迁居到了莫斯科.

　　若是要求前 n 个正整数的 3 次以上的方幂和, 则需要用贝努利数和贝努利多项式才能表示,

$$1^k + 2^k + \cdots + n^k = \frac{B_{k+1}(n+1) - B_{k+1}}{k+1}.$$

　　本节只是完美数故事的一个小插曲, 包括中国在内的东方数学家更重视实用数学, 历史上极少有人考虑过类似于完美数这样偏游戏的问题, 但也有例外.

1.5　阿拉伯的海桑

大约在 1000 年, 另一位阿拉伯数学家海桑 (Ibn al-Haytham, 约 965—约 1040) 在对欧几里得的《几何原本》进行一番研究之后, 也对完美数问题提出了自己的猜测, 他认为式 (1.3) 是偶完美数的必要条件, 即

凡偶完美数必有形式 $2^{p-1}(2^p - 1)$, 其中 p 和 $2^p - 1$ 均为素数.

这等同于尼科马科斯猜想 4), 不过海桑并没有考虑奇完美数, 同样他也无法给出证明. 海桑出生在白益王朝 (Buyid Emirate) 的巴士拉 (今伊拉克南部港市). 我们无法得知, 海桑是否受到过尼科马科斯的影响, 不过倒是可以确认, 毕达哥拉斯在埃及逗留时曾被波斯人俘虏到巴比伦, 即河流之间的美索不达米亚, 当时正处于波斯人的统治之下.

图 1.9　阿拉伯数学家海桑

图 1.10　伊拉克纸币 10 第纳尔, 印有海桑像

这让我们想起非欧几何学那些早期探索者, 也是几位阿拉伯或波斯的数学家 (欧玛尔·海亚姆和纳西尔丁). 巴士拉位于底格里斯河和幼发拉底河汇合之后的阿拉伯河南岸, 是 21 世纪伊拉克战争英军首先攻克的城市. 说到阿拉伯河, 后半段是伊拉克和伊朗的界河, 北岸有伊朗最主要的港口阿巴丹.

海桑同时也是中世纪最重要的物理学家, 尤以光学方面的贡献最大, 并有着"光学之父"的美誉. 光是人类生存环境中的一个不可或缺的因素. 从柏拉图到托勒密 (Claudius Ptolemy, 约 100—约 170) 都认为, 人能看见物体是靠眼睛发射出

的光线被物体反射的结果. 虽然亚里士多德表示了异议, 他质疑如果这一理论正确的话, 为何在黑暗中眼睛没有看见物体的能力? 但由于欧几里得从几何学上予以解释和论证, 这一理论仍得以流行. 海桑对此予以纠正, 他认为光是由太阳或其他发光体发射出来的, 然后通过被看见的物体反射入人眼.

当太阳和月亮接近地平线时, 它们的直径明显地变大. 海桑断言这是一种幻觉, 是由于太阳或月亮离地面的距离接近造成的. 虽然这种解释没有被普遍接受, 但它在今天仍然十分流行. 海桑还对光的入射角和折射角进行了测量, 推翻了托勒密的论断, 即入射角与折射角之比是常数的说法. 尽管海桑给出了两个角同处一个平面的条件, 但他并没有发现折射定律, 即这两个角的正弦之比, 等于其介质的折射率比值的倒数. 后者是由荷兰的数学教授斯涅耳 (Willebrord Snellius, 1580—1626) 依据实验首先发现的, 而法国数学家笛卡尔 (René Descartes, 1596—1650) 在 1637 年从理论上独立推断出这个定律.

海桑生前被尊称为 "巴士拉先生" 和 "物理学家", 他的学术生涯主要是在开罗度过的, 他给贵族人家做家庭教师, 生活并非总是如意. 一次他被要求去调控经常泛滥的尼罗河水, 当海桑明白那需要在尼罗河上游建一个大水坝, 而这项任务在那个年代无法完成以后, 他对自己的生命感到了担忧, 便装疯卖傻直到哈里发去世, 其中有十年被监视居住. 正是在那段时间里, 他写成了《光学之书》(*Book of Optics*), 并对数论进行了一番研究. 值得一提的是, 1970 年, 在苏联专家帮助下, 埃及终于建成了阿斯旺水坝.

更为难得的是, 海桑在开罗的艾资哈尔大学讲课时, 还率先提出了 "科学方法"(scientific method) 的概念, 他因此被认为是 "科学方法论之父". 艾资哈尔大学于 988 年正式开办招生, 是世界上最古老的大学之一. 波兰天文学家赫维利乌斯 (Johannes Hevelius, 1611—1687) 在他的《月球书》(1647) 中指出, 海桑代表着理性, 而伽利略代表着感性. 与此同时, 海桑也被视作精神物理学 (psychophysics) 和实验心理学的先驱. 他还是第一个描绘人眼的科学家, 依据的是解剖学上的理论, 如今眼科的某些术语起源于译成拉丁文的他的著作. 例如, 视网膜、角膜、玻璃体、前房液等等.

要看到海桑关于完美数的猜测被证明, 还需要再等待 7 个半世纪. 而尼科马科斯关于奇完美数不存在和完美数无穷性的猜想, 即便对于 21 世纪的我们仍遥不可及. 值得一提的是, 比海桑稍晚的埃及数学家法鲁斯 (Ismail ibn Fallus, 1194—1252) 曾经给出了第 5、第 6 和第 7 个完美数, 但由于他夹杂着其他后来被证明是错误的完美数论断, 故而不被西方同行承认. 这三个完美数的确认要等到 15 和 16 世纪, 请见下节.

1.6 梅森数和梅森素数

第 5 个完美数的出现姗姗来迟, 差不多相隔了 13 个半世纪, 横跨了中世纪的黑暗时代. 直到 15 世纪, 确切地说是在 1456 年和 1461 年间, 才由一位无名氏发现的. 这项工作记载在 1536 年出版的英国人莱吉乌斯 (H. Regius) 的著作《算术掠影》里, 而从已有的文献来看, 之前的 4 个完美数均首先出现在埃及或中东, 即地理上的非洲和亚洲. 这第 5 个完美数是一个 8 位数 33550336, 对应于 (1.3) 中 $p = 13$. 但还不能推翻尼科马科斯的猜测 1), 即第 n 个完美数是 n 位数. 因为有可能存在遗漏的完美数, 也即在第 4 个完美数和第 5 个完美数之间有别的完美数.

1588 年, 博洛尼亚的意大利数学家卡塔迪 (Pietro Cataldi, 1548—1626) 找到了第 6 个完美数 8589869056 和第 7 个完美数 137438691328, 分别对应于 (1.3) 中 $p = 17$ 和 $p = 19$. 至此, 完美数研究的领先优势终于来到了欧洲. 与此同时, 卡塔迪也率先证明了, 用欧几里得的充分条件得到的完美数必以 6 或 8 结尾. 按照 1919 年出版的迪克森 (L. E. Dickson, 1874—1954) 的《数论》(*Theory of Numbers*) 首卷的描述, 在尼科马科斯和卡塔迪之间, 有 19 个人声称找到了第 6 个完美数, 而第 7 个完美数所包含的那个素数 $2^{19}-1=524287$, 在此后的两个世纪里一直是人类所知最大的素数.

在卡塔迪发现第 6 个和第 7 个完美数的同一年, 法国天主教神父梅森 (Marin Mersenne, 1588—1648) 出生了, 他的故乡在巴黎西部卢瓦河大区的萨尔特省. 梅森的祖辈是农民, 小时候他在故乡的教会学校念书, 在参加了一个教会组织以后, 他有机会到巴黎学习神学和希伯来语. 之后, 他在 25 岁那年成为神父. 32 岁时他开始学习数学和音乐, 与笛卡尔、帕斯卡尔 (Blaise Pascal, 1623—1662) 等人交往, 并与荷兰的惠更斯、意大利的伽利略等科学家通信, 成为后者学说坚定的支持者.

梅森系统地研究了形如 $M_n = 2^n - 1$ 的整数, 其中 n 是素数, 这个数被后人称为梅森数. 当梅森数为素数时, 称为梅森素数. 显而易见, 有多少梅森素数, 就有多少偶完美数. 但在那个年代, 这个命题的反命题, 即偶完美数是否一定具有这种形式, 人们尚不得而知. 人们只知道, 若 n 是合数, 则 M_n 一定不是素数; 换句话说, 要使 M_n 是素数, n 必须是素数.

当人们发现, $M_2 = 3, M_3 = 7, M_5 = 31, M_7 = 127, M_{13} = 8191$ 是素数, 自然会联想并猜测所有形如 M_p 的都是素数, 此处 p 是素数. 可是, 莱吉乌斯在《算术掠影》里就已提到 M_{11} 不是素数. 事实上,

$$M_{11} = 2^{11} - 1 = 2047 = 23 \times 89.$$

正是这个发现, 让梅森素数和完美数悬念迭起.

图 1.11 神父出身的数学家梅森

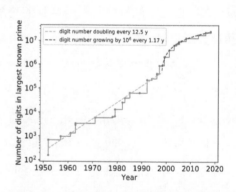

图 1.12 计算机时代最大梅森素数位数表

1557 年, 德国数学家斯切波尔 (Johannes Scheubel, 1494—1570) 在翻译出版《几何原本》德文版时已经知道第 6 个完美数并加了脚注, 但这件事直到 1977 年才为我们所知. 因此, 发现第 6 个完美数这项荣誉通常要归卡塔迪. 值得一提的是, 莱吉乌斯在拉丁语里意为皇家, 如今, 莱吉乌斯教授 (Regius Professor) 在牛津、剑桥、圣安德鲁斯、格拉斯哥、阿伯丁、爱丁堡和都柏林大学均属于皇家教授头衔.

除了数学上取得的杰出成就以外, 梅森还有着 "声学之父" 的美誉, 并在音乐理论方面有创造性贡献. 所谓梅森定律是用来描述弦振动的谐波, 适用于吉他和钢琴. 1635 年, 他建立了非正式的巴黎科学协会, 有 140 位通讯会员, 包括天文学家、哲学家和数学家等, 他们来自法国、意大利、英格兰和荷兰. 梅森还经常在巴黎举办沙龙, 帕斯卡尔父子是其中的常客. 这个沙龙和协会是 1666 年成立的巴黎科学院的雏形, 但科学院成立时梅森已经不在人世了. 梅森 60 岁那年的 9 月 1 日, 死于肺脓疮引发的并发症, 有的历史学家认为, 那天他与笛卡尔在一起时, 因为天气太热饮用了过量的淡水.

通常来说, 已知最大的梅森素数也是已知最大的素数, 因此梅森素数的寻找显得特别重要. 虽说我们无法知道梅森素数是否有无穷多个, 却可以利用梅森素数的性质证明素数有无穷多个. 反设 p 是最大的素数, 可证 $2^p - 1$ 任意素因子 q 皆大于 p. 事实上, 由 $2^p = 1(\mod q)$ 知 $\mathbb{Z}_q$ 的乘法群 $\mathbb{Z}_q \setminus \{0\}$ 中元素 2 的阶均为 p, 该群有 $p-1$ 个元素, 故由抽象代数中的拉格朗日定理可得 $p|q-1$, 从而 $p < q$.

关于完美数和梅森素数, 我们有以下猜想:

猜想 1.1 设 p 和 $2p - 1$ 均为素数, $2^p - 1$ 和 $2^{2p-1} - 1$ 也为素数, 则 p 必为 2, 3, 7, 31.

下面我们给出梅森素数的一个推广.

设 α 是正整数, β 是非负整数, 则方程

$$\sum_{d|n, d<n} d - n = 2^\alpha \left(2^\beta - 1\right)$$

有偶数解 $n = 2^{\alpha+\beta-1} \left(2^\alpha - 1\right)$, 这里 $2^\alpha - 1$ 是梅森素数; 而方程

$$\sum_{d|n, d<n} d - n = 2^\alpha \left(1 - 2^\beta\right)$$

有解 $n = 2^{\alpha-1} \left(2^{\alpha+\beta} - 1\right)$, 这里 $2^{\alpha+\beta} - 1$ 是梅森素数.

特别地, 当 $\beta = 0$ 时, 此即为欧拉的偶完美数判定准则; 当 $\beta = 1$ 时, $\sum_{d|n, d<n} d - n$ 为 2 的方幂的所有解为 $n = 2^\alpha(2^\alpha - 1)$, 而 $n - \sum_{d|n, d<n} d$ 为 2 的方幂的所有解为 $n = 2^{\alpha-2}(2^\alpha - 1)$, 其中 $2^\alpha - 1$ 是梅森素数.

最后, 考虑梅森素数的变种, 比如 $\dfrac{3^p-1}{2}$ 和 $\dfrac{5^p-1}{4}$ 型的素数, 分别有 $13(p=3)$, $1093(p=7)$, $797161(p=13)$ 和 $31(p=3)$, $19531(p=7)$, $12207031(p=11)$, 等等. 与梅森素数一样, 它们的素因子必为 $2px+1$ 型, 但未必满足模 8 余 ±1, 且出现了一个维夫瑞奇素数 1093, 即满足 $2^{p-1}\equiv 1(\mathrm{mod}\ p^2)$, 这是梅森素数所没有的.

1.7　笛卡尔与费尔马

17 世纪两位多才多艺的大数学家笛卡尔和费尔马 (Pierre de Fermat, 1601—1665) 对人类文明作出了巨大的贡献, 对完美数这个数论问题, 他们也悄悄地予以关注. 笛卡尔创建了平面坐标系和解析几何, 这是两项划时代的数学成就, 他提出的 "二元论" 和怀疑主义则让他成为 "近代哲学之父"(德国哲学家黑格尔语). 在完美数问题上, 笛卡尔也倾注了心血, 可是却收效甚微. 他曾公开预言: "能找出的完美数是不会多的, 好比人类一样, 要找一个完美的人亦非易事."

图 1.13　费尔马手写的遗嘱, 现存图卢兹上加
　　　　　 龙省档案馆

图 1.14　工作中的笛卡尔

1638 年, 笛卡尔在给梅森的信中写道, "我想我能够证明, 除了欧几里得所给出的以外, 再也没有别的偶完美数了; 而一个奇数要成为完美数, 必然是一个素数与若干不同素数的平方的乘积 ⋯⋯ " 但这只是笛卡尔的梦想, 这个梦想的实现要再过一个多世纪才由欧拉完成. 不过, 我们在下一章将会讲到, 笛卡尔对 k 阶完

美数有许多探索, 并且取得了可观的成果.

与此同时, 在法国南方城市图卢兹, 比笛卡尔年轻 5 岁的法官费尔马几乎把业余时间全部用在数学研究上. 他与帕斯卡尔的通信奠定了概率论这门学科, 独立于笛卡尔发现解析几何的基本原理. 同时他又是微分学的创始人. 他对数论问题尤其倾心, 提出的一堆问题, 使得后来的数学家忙碌了好几个世纪.

1640 年, 经过数年对完美数问题的探索以后, 费尔马在给梅森的信中声称, 他可以证明下列 3 个命题:

(1) 当指数 n 是合数时, $2^n - 1$ 必然也是合数;

(2) 当指数 n 是奇素数时, $2^n - 2$ 必然是 $2n$ 的倍数;

(3) 当指数 n 是素数时, $2^n - 1$ 的素因子必然是 $2nx + 1$ 的形式.

命题 (1) 显而易见, 这是因为若 $n = ab, a, b > 1$, 则

$$2^n - 1 = (2^a - 1)\{(2^a)^{b-1} + \cdots + 2^a + 1\}$$
$$= (2^b - 1)\{(2^b)^{a-1} + \cdots + 2^b + 1\}.$$

命题 (2) 是下列费尔马小定理的特殊情形.

命题 (3) 既需要命题 (2) 或费尔马小定理, 也需要指数的概念. 若 n 是素数, 素数 p 是 $2^n - 1$ 的因子, 易知 n 是 2 关于模 p 的指数. 再由费尔马小定理或命题 2 可知, $n | p - 1$. 又因为 p 是奇数, 故而存在整数 x, 使得 $p = 2nx + 1$.

在这封信发出不久, 费尔马果然又写信给巴黎的另一位朋友德贝西 (F. de Bessy, 1604—1674), 宣布了他的费尔马小定理:

费尔马小定理 设 p 是素数, 整数 a 与 p 互素, 即 $(a, p) = 1$, 则

$$a^{p-1} \equiv 1(\text{mod } p).$$

显而易见, 费尔马小定理是命题 (2) 的推广, 即把底从 2 推广到任意素数. 由此我们也可以推测, 费尔马是从上述有关完美数的研究过程中得到费尔马小定理的. 由命题 (3) 可以帮助验证, 对某些 p, $2^p - 1$ 不是素数. 例如, $p = 37$, 由 (3) 知道, $2^{37} - 1$ 的素因子必然是 $2 \cdot 37m + 1$, 取 $m = 1, 75$ 不是素数; 取 $m = 2, 149$ 是素

数, 但不整除 $2^{37} - 1$; 而当取 $m = 3$ 时, 223 是素数, 且 $2^{37} - 1 = 223 \times 616318177$. 因此, 素数 37 不产生梅森素数或完美数.

梅森收到费尔马来信以后, 异常兴奋, 饶有兴趣地花费了很多精力, 对不超过 257 的所有素数, 研究了相应的梅森素数和完美数问题, 并在 1644 年把结果公之于众. 虽然有 5 个结论后来证明是错误的 (他认为 M_{67} 和 M_{257} 是素数但却不是, 同时错失了 M_{61}, M_{89} 和 M_{107} 这三个素数, 其中 M_{67} 不是素数要到 332 年以后才被验证), 人们仍把形如 $2^p - 1$ 的素数命名为梅森素数, 尽管他本人并未发现哪怕一个, 这自然与梅森的学术成就和领袖地位是分不开的.

对于费尔马小定理, 费尔马本人并未给出证明, 如同他流传下来的许多其他问题一样. 尽管如此, 这丝毫没有降低费尔马在数学史上的地位. 1913 年, 德国数学家亨泽尔 (Kurt Hensel, 1861—1941) 提议将费尔马的发现命名为费尔马小定理. 作者相信, "小"(little) 有褒扬之意, 而所谓的费尔马大定理只是中文译者的灵机一动, 它在英文里叫 "费尔马最后的定理"(Fermat's Last Theorem). 这是因为, 费尔马提出的其他问题之前都已被解决了.

1.8 欧拉–欧几里得定理

现在, 轮到瑞士出生的大数学家、物理学家、天文学家欧拉 (Leonhard Euler, 1707—1783) 出场了. 欧拉的研究领域十分宽广, 几乎遍及数学的每个领域, 同时对数论也十分钟情. 1747 年, 客居柏林的欧拉证实了尼科马科斯和海桑的猜想, 即凡是偶完美数必具有 (1.3) 的形式. 今天看来, 这个证明并不算难.

欧拉的证明   设 n 是偶数, $n = 2^{r-1}s, r \geqslant 2$, s 是奇数, 若 n 是完美数, 则有 $\sigma(n) = \sigma(2^{r-1}s) = 2^r s$. 由于 2^{r-1} 和 s 无公因子, $2^{r-1}s$ 的因子之和等于 s 的因子之和的 $(2^r - 1)/(2 - 1) = 2^r - 1$ 倍, 故 $\sigma(n) = (2^r - 1)\sigma(s)$. 令 $\sigma(s) = s + t$, 其中 t 是 s 的真因子之和, 则 $2^r s = (2^r - 1)(s + t)$, 即 $s = (2^r - 1)t$. 也就是说, t 既是 s 的真因子, 又是 s 的真因子之和, 故必 $t = 1$, $s = 2^r - 1$ 为素数.

这一充分必要条件也被称作

欧拉–欧几里得定理   偶数 n 是完美数当且仅当

$$n = 2^{p-1}(2^p - 1),$$

其中 p 和 $2^p - 1$ 均为素数.

图 1.15 瑞士数学家欧拉　　图 1.16 民主德国发行的欧拉逝世 200 周年纪
念邮票 (1983)

至此, 偶完美数的判定比较明确了, 其存在性归结为梅森素数的判定. 尼科马科斯的猜想 1) 和猜想 3) 自然都被否定了, 因为第 5 个完美数是 8 位数, 且第 5 个完美数和第 6 个完美数均以 6 结尾.

欧拉对费尔马研究过或留下的问题尤其感兴趣, 可以说每一个都悉心考虑过, 绝不会轻易放过, 包括费尔马小定理. 1736 年, 欧拉发表了费尔马小定理的第一个证明. 很久以后, 人们在德国数学家莱布尼兹 (G. W. Leibniz, 1646—1716) 的遗稿里发现, 至晚在 1683 年, 他已给出同样的证明. 不过到了 1760 年, 仍然还在柏林的欧拉证明了一个更强的结果, 被后人称为欧拉定理.

欧拉定理 设 m 是任意大于 1 的整数, $(a, m) = 1$, 则

$$a^{\varphi(m)} \equiv 1 (\mathrm{mod}\ m).$$

这里 $\varphi(m)$ 表示欧拉函数, 即不超过 m 且与 m 互素的正整数个数.

欧拉有所不知的是, 这个定理在 20 世纪的密码学里有着非常重要的应用.

显而易见, 由欧拉定理可以直接导出费尔马小定理. 反之亦然, 即由费尔马小定理也可以推出欧拉定理.

事实上, 由费尔马小定理知, 存在整数 t_1, $a^{p-1} = 1 + pt_1$; 由此可知, 存在整数 t_2, 使得 $a^{(p-1)p} = (1 + pt_1)^p = 1 + p^2 t_2$; 继续进行下去, 直至存在 t_α,

使得 $a^{\varphi(p^\alpha)} = 1 + p^\alpha t_\alpha$. 故而 $a^{\varphi(n)} \equiv 1(\mathrm{mod}\ p^\alpha)$, 利用同余式的性质, 即知 $a^{\varphi(n)} \equiv 1(\mathrm{mod}\ n)$, 欧拉定理得证.

1772 年, 65 岁的欧拉早已从柏林返回彼得堡, 此时他已经双目失明, 却在助手的帮助下, 用心算找到了第 8 个完美数 2305843008139952128, 共 19 位 (对应于 $p = 31$). 那会儿距离上一个完美数的发现, 已经过去了 184 年. 也就是说, 虽然 17 世纪被英国哲学家怀特海 (A. N. Whitehead, 1861—1947) 誉为 "天才的世纪", 且有多位伟大的数学家沉湎于完美数问题, 仍然没有找到哪怕一个新的完美数.

下面, 我们介绍两个常用的数学和工程计算软件 (简称程序包) 来演示前 8 个完美数的计算, 这两个程序包分别叫 "数学"(Mathematica) 和 "枫树"(Maple), 它们与 MATLAB 并称为三大数学软件.

数学 (Mathematica)

```
Do[
    n=Prime[k];
    If[PrimeQ[2^n-1],Print[{n,2^(n-1)(2^n-1)}]],
    {k,1,11}
]
```

```
{2,6}
{3,28}
{5,496}
{7,8128}
{13,33550336}
{17,8589869056}
{19,137438691328}
{31,2305843008139952128}
```

枫树 (Maple)

```
for k from 1 to 11 do
  n:=ithprime(k);
  if is prime(2^n-1) then
    print([n,2^(n-1)*(2^n-1)]);
end if;
end do:
```

[2,6]

[3,28]

[5,496]

[7,8128]

[13,33550336]

[17,8589869056]

[19,137438691328]

[31,2305843008139952128]

1.9　神父普沃茨米

时光又流逝了一个多世纪, 1883 年, 在俄罗斯乌拉尔山以东 (隶属亚洲), 离开叶卡捷琳堡 250 公里远的一座小镇里, 一位 56 岁的东正教神父普沃茨米 (Ivan Pervushin, 1827—1900) 找到了第 9 个完美数 (共 37 位, 对应于 $p = 61$). 普沃茨米出生于乌拉尔山西侧的彼尔姆州 (隶属欧洲), 在漫长的乡村

图 1.17　19 世纪的叶卡捷琳堡 (油画)

神父生涯中, 他还曾证明了第 12 个和第 23 个费尔马数是复合数.

所谓费尔马数是指

$$F_n = 2^{2^n} + 1,$$

这是费尔马留下的另一个数论问题. 他发现, 当 $n = 0, 1, 2, 3, 4$ 时, 费尔马数 3, 5, 17, 257, 65537 均为素数, 于是猜测所有的费尔马素数均为素数, 被后人称为费

Read

尔马素数. 事实上, 自从费尔马大定理在 1995 年被英国数学家怀尔斯 (Andrew Wiles, 1953—) 证明以后, 费尔马素数问题便成为 "费尔马最后的问题". 至今我们无法知道, 是否存在第 6 个费尔马素数, 至于是否存在无穷多个费尔马素数? 那就更遥远了.

1877 年和 1878 年, 普沃茨米分别为 F_{12} 和 F_{23} 找到一个素因子, 它们是

$$7 \times 2^{14} + 1 = 114689,$$

$$5 \times 2^{25} + 1 = 167772161.$$

此前在 1876 年, 法国数学家卢卡斯 (Edouard Lucas, 1842—1891) 证明了 M_{67} 是复合数, 否定了梅森的结论, 但他却始终没有找到它的一个因子. 卢卡斯从 15 岁开始迷恋于梅森素数问题, 经过 19 年的努力, 终于手工检验出 M_{127} 是素数 (77 位), 那是在 1876 年. 这得益于此前一年, 他发明了一种检验梅森素数的方法. 随后的四分之三个世纪里, M_{127} 一直是人类所知最大的素数, 直到计算机时代来临 (依然并且可能永远会是手工验算出来的最大的素数).

卢卡斯素数检测法　设 n 是待测试的正整数, 假如存在 $a, 1 < a < n$, 满足

$$a^{n-1} \equiv 1 (\mathrm{mod}\ n),$$

且对 $n-1$ 的任意素因子 q, 均有

$$a^{\frac{n-1}{q}} \not\equiv 1 (\mathrm{mod}\ n),$$

则 n 为素数. 如果不存在这样的整数 a, 则 n 为合数.

事实上, 若 n 是素数, 则满足上述条件的 a 为模 n 的原根.

例　$n = 71$.

已知 $n-1 = 70$, 它的全部素因子是 2, 5 和 7. 取 $a = 17$, 我们有 $17^{70} \equiv 1(\mathrm{mod}\ 71)$, $17^{35} \equiv 70 \not\equiv 1(\mathrm{mod}\ 71)$, $17^{14} \equiv 25 \not\equiv 1(\mathrm{mod}\ 71)$, 而 $17^{10} \equiv 1(\mathrm{mod}\ 71)$. 故而失败了. 再取 $a = 11$, 我们有 $11^{70} \equiv 1(\mathrm{mod}\ 71)$, $11^{35} \equiv 70 \not\equiv 1(\mathrm{mod}\ 71)$, $11^{14} \equiv 54 \not\equiv 1(\mathrm{mod}\ 71)$, $11^{10} \equiv 32 \not\equiv 1(\mathrm{mod}\ 71)$, 故而 71 是素数.

直到 1903 年 10 月 31 日, 美国数学家柯尔 (F. N. Cole, 1861—1926) 走上讲台. 他在黑板上写下 $2^{67} - 1$, 然后开始计算, 最后算出答案是 147, 573, 952, 589,

$676, 412, 927$; 之后, 他在黑板右边写下这个数的分解式 $193, 707, 721 \times 761, 838, 257, 287$. 一小时后, 他一句话没说回到座位上, 台下响起了热烈的掌声. 他后来解释说, 为了找到这个等式, 花费了三年里的所有星期天. 柯尔曾多年担任美国数学会秘书长, 尽心尽职, 在他去世以后, 美国数学会决定设立柯尔奖. 如今, 这个奖项已成为数论和代数领域最重要的奖项. 从梅森素数、柯尔奖以及菲尔兹奖等的命名可以看出, 在奖项的重要性与用以冠名的数学家的重要性之间并没有必然的联系. 这也是为何, 在四年一度的国际数学家大会上, 陈 (省身) 奖可以与高斯奖一起颁发, 而牛顿奖和欧拉奖缺失.

与普沃茨米同时代的一位作家曾这样描写他的同胞, "这是一个最谦逊的不为人知的科学工作者, 他的工作室全被各种数学出版物塞满, 有切比雪夫的著作、勒让德的著作和黎曼的著作, 还有许多现代数学家的著作, 这些书籍是由俄罗斯和外国的科学或数学学会寄给他的. 看起来我不是在乡村神父的屋里, 而是在一位数学老教授的书房里. 除了是一位数学家以外, 他还是统计学家、气象学家和通信者".

图 1.18 美国数学家柯尔

19 世纪的俄国已是全世界面积最大的国家, 领土横跨欧亚两个大洲, 以乌拉尔山为分界线. 普沃茨米虽在亚洲度过一生的大部分时光, 却出生在欧洲并在那里接受全部的教育. 确切地说, 他出生在欧洲最东端他祖父任神父的小镇莱斯瓦 (Lysva). 说到神父 (Father), 与牧师一样是基督教教堂的负责人, 他们怀着对信念的忠诚, 负责治疗和保卫教堂的信徒. 神父是天主教和东正教的统一称谓 (普沃茨米是东正教神父, 而梅森是天主教神父), 新教则称牧师.

1852 年, 普沃茨米从喀山神学院毕业. 喀山是鞑靼自治共和国首府, 在普沃茨米就读神学院期间, 俄罗斯历史上最伟大的数学家、非欧几何学创始人之一罗巴切夫斯基也生活在这座城市, 尽管他已从喀山大学退休. 普沃茨米回故乡待了一段时间, 然后去了离开叶卡捷琳堡 150 英里远的一个村庄, 在那里度过了 25 年, 并创办了一所乡村学校. 神父之职既为他提供了养家糊口的一份工作, 又让他有许多空闲研习数学. 说到家庭, 牧师是可以结婚的, 而天主教神父是不允许的, 东正教神父在晋升之后也是不能结婚的, 但晋升之前是可以的, 而一旦结婚就不能升任主教了.

1883 年, 普沃茨米搬到附近的一座小镇, 在那里发表了一篇讽刺镇政府的文章. 作为一种惩罚, 他被下放到另一个村庄, 最后在 73 岁那年死于那个村庄. 普沃茨米发现第 9 个完美数那会儿, 正是他主动搬家到小镇的那一年. 1893 年, 为庆祝哥伦布抵达美洲 400 周年, 世界博览会在芝加哥举行, 作为博览会一部分的世界数学家大会同步召开, 这是国际数学家大会 (ICM) 的前身, 据说普沃茨米向大会提交了自己的论文, 但却因故没有参加. 在那个年代, 交通是个大问题, 对普沃茨米更是如此.

20 世纪来临, 1911 年和 1914 年, 美国科罗拉多州的一位铁路公司职员鲍威尔 (R. E. Powers, 1875—1952) 又发现了两个新的完美数 (第 10 个和第 11 个), 各有 54 位和 65 位, 对应于 $p = 89$ 和 $p = 107$, 而卢卡斯先期找到的那个完美数依照大小是第 12 个. 1934 年, 鲍威尔还曾验证了 M_{241} 是合数. 值得一提的是, 以上三位在判断梅森素数时所用的方法 (肇始于卢卡斯) 后来被美国数学家拉赫曼 (D. H. Lehmer, 1905—1991, 他的父亲 D. N. 拉赫曼和妻子 E. 拉赫曼均为很有成就的数论学家) 于 20 世纪 30 年代提炼成一种判断梅森素数的有效方法.

1.10 双 L 素数检验法

卢卡斯毕业于巴黎高等师范学校, 他曾在巴黎天文台工作, 也当过兵, 后来才担任数学教授. 卢卡斯定理和卢卡斯同余式是同余式理论的重要结果, 本书第 4 章要介绍的卢卡斯数和卢卡斯序列也是他定义或以他命名的. 1875 年他还猜测, 下列丢番图方程

$$\sum_{n=1}^{N} k^2 = M^2$$

仅有唯一的非显然解 $N = 24, M = 70$. 这个猜想也被称为加农球问题 (Cannonball problem), 直到 1918 年才被人用椭圆函数的方法予以证明, 后来又发现它与 26 维的弦理论问题相关. 不幸的是, 49 岁那年, 卢卡斯被一只打碎的瓷碗割伤手

臂, 因为破伤风而去世. 所谓卢卡斯–拉赫曼素数检测法是这样的 (因为卢卡斯和拉赫曼的姓名均以字母 L 开头, 故又称双 L 素数检测法).

图 1.19 加农炮弹金字塔

图 1.20 图灵塑像, 作者摄于曼彻斯特

卢卡斯–拉赫曼素数检测法 对于任意奇素数 $p, M_p = 2^p - 1$ 是素数, 当且仅当 $M_p | S_{p-2}$, 这里 $S_0 = 4$,

$$S_k = S_{k-1}^2 - 2 (k > 0).$$

这个证明需要用到卢卡斯序列的有关性质, 我们将在 4.10 节给出.

鲍威尔有所不知的是, 在他于加州小镇去世的头一天晚上, 即 1952 年 1 月 30 日, 加州大学伯克利分校的教授罗宾逊 (R. M. Robinson, 1911—1995) 利用计算机, 找到了另外两个新的完美数 (第 13 个和第 14 个), 对应于 $p = 521$ 和 $p = 607$. 当年, 罗宾逊又找到了另外 3 个, 即第 15 个 ($p = 1279$)、第 16 个 ($p = 2203$) 和第 17 个 ($p = 2281$). 从那时起, 完美数便进入了计算机时代, 有关完美数和梅森素数的竞争也变成了计算机的竞争.

在罗宾逊找到新的完美数三年以前, 英国数学家、逻辑学家阿兰·图灵 (Alan Turing, 1912—1954) 试图利用曼彻斯特大学制造的计算机马克一号 (Mark 1) 寻找新的梅森素数, 但却没有成功. 图灵如今被誉为计算机科学之父、人工智能之父, 图灵奖是计算机领域的最高奖. 1950 年, 图灵发表了一篇题为《计算机器与智能》的论文, 超前地提出了 "图灵测试", 指出如果第三者无法辨识人类与人工智能机器反应的差别, 则可以断定该机器具备人工智能.

罗宾逊不仅是第一个利用计算机确定出梅森素数和完美数的人, 也是唯一一个独自一人找到 5 个梅森素数和完美数的. 罗宾逊出生在加州小镇, 他的学生时代和学术生涯都是在伯克利度过的, 博士论文是关于复分析的, 他的主要研究方向是数理逻辑、集合论, 1949 年晋升教授. 罗宾逊对数论很感兴趣, 他利用洛杉矶的美国计量局在 1950 年制造的计算机天鹅 (SWAN) 和卢卡斯–拉赫曼素数检测法找到了 5 个新的梅森素数和完美数. 值得一提的是, 罗宾逊的夫人茱莉亚·罗宾逊 (Julia Robinson, 1919—1985) 参与解决了希尔伯特第 10 问题, 她是美国国家科学院第一位女院士, 也是美国数学会第一位女主席.

在完美数的计算机时代, 还有几位数学家和计算机专家的工作值得一提. 首先是瑞典数学家黎塞尔 (Hans Riesel, 1929—2014), 1957 年他利用瑞典制造的第一台计算机 BESK(1953), 找到了第 18 个梅森素数, 对应于素数 $p = 3217$, 共 969 位, 这个记录保持了四年. 黎塞尔还定义了黎塞尔数, 这是梅森数的推广. 设 k 为任意奇数,

$$k2^n - 1$$

被称为黎塞尔数. 当 $k = 1$ 时, 此即为梅森数. 当黎塞尔数是素数时, 被称为黎塞尔素数. 黎塞尔还把卢卡斯–拉赫曼素数检测法做了推广, 提出了卢卡斯–拉赫曼–黎塞尔素数检验法, 即要求初始值 S_0 有多个选取.

1963 年, 加拿大数学家吉尔斯 (D. B. Gills, 1928—1975) 在不到一个月的时间里, 连续找到了 3 个梅森素数 (第 21 个—第 23 个), 他利用的是头一年伊利诺伊大学制造的超级计算机 ILLIAC II. 吉尔斯是冯·诺伊曼 (J. von Neumann, 1903—1957) 的博士, 也是约翰·纳什 (John Nash, 1928—2015) 的朋友, 在对策论方面颇有成就. 西雅图的软件工程师斯洛文斯基 (David Slowinski) 在 1979 年和 1996 年之间找到了 7 个 (第 27 个、第 28 个和第 30 个—第 34 个), 其中有 4 个梅森素数是他与别人合作找到的.

值得一提的是, 1979 年 2 月的一天, 斯洛文斯基已经找到第 26 个梅森素数, 但被人告知, 北加州海华德市 18 岁的高中生诺尔 (L. Noll, 1960—) 已在两个星

期前找到了这个素数, 此前一年, 诺尔还与一个叫劳拉的女同学合作, 找到了第 25 个梅森素数. 成年后诺尔成了天文学家, 同时积极参与政治活动, 当选硅谷所在地森尼韦尔市的副市长. 正是那个令人沮丧的消息刺激了斯洛文斯基, 他发奋努力, 接连找寻到了新的梅森素数, 被赞为 "梅森素数之王".

1.11 GIMPS 计划

1996 年对梅森素数和完美数来说, 也是一个特别的年份, 不仅第 34 个梅森素数被斯洛文斯基找到了, 美国计算机专家沃特曼 (George Woltman, 1957—) 还编写了一个寻找梅森素数的特别计算程序, 这便是著名的 GIMPS(Great Internet Mersenne Prime Search) 计划, 也是世界上第一个基于互联网的分布式合作计算项目. 沃特曼本人并没有找到新的素数, 它把自己的程序放在互联网上供数学家和数学爱好者免费使用. 当年 11 月, 就有人利用他的程序找到第 35 个梅森素数.

图 1.21　GIMPS 计划标志　　　　图 1.22　日文版《2017 年最大的素数》封面

接着连续三年, 每年都有新的梅森素数被发现, 这在历史上还是第一次. 之后相隔一年, 即 2001 年, 又发现了第 39 个. 然后从 2003 年开始, 又是连续四年都有新的梅森素数被发现. 第 50 个梅森素数是由美国田纳西州 FedEx 快递公司的电气工程师佩斯 (Jonathan Pac) 于 2017 年 12 月 27 日找到的, 对应的 $p = 77232917$, 共 23249425 位. 值得一提的是, 日本虹色出版社适时推出了一本叫

《2017 年最大的素数》的书, 全书只有一个数字, 就是第 50 个梅森素数. 据说出版第 4 天, 它就冲上亚马逊网数学类图书第一名.

　　而第 51 个也是最新的梅森素数和目前所知最大的素数是在 2018 年冬天发现的, 对应的 $p = 82589933$, 共 24862048 位, 发现者是美国佛罗里达州奥卡拉市一位名叫帕特里克·罗什 (Patrick Laroche) 的 GIMPS 项目志愿者. 这个梅森素数如果用普通字号打印下来的话, 长度可达 100 多公里. 遗憾的是, 那以后的 2019 年没有新的梅森素数被发现, 也就是说, 没能再次创造连续四年都有新的梅森素数的记录.

　　值得一提的是, 美国中密苏里州立大学的数学教授库珀 (Curtis Cooper) 利用 GIMPS, 在过去的十多年里找到了 4 个, 序号分别是 43、44、48 和 49. 库珀曾连续多年负责编辑《斐波那契季刊》, 他的运气并不总是很好. 1999 年, 总部设在美国的电子前沿基金会 (EFF) 向全世界宣布了通过 GIMPS 计划寻找梅森素数的"协同计算奖". 该奖励条例规定, 向第一个找到超过 1000 万位数的梅森素数的个人或机构颁发 10 万美元, 第一个找到超过 1 亿位数、10 亿位数的奖金则分别为 15 万美元、25 万美元 ······

　　2008 年 8 月, 美国加利福尼亚大学洛杉矶分校的史密斯 (E. Smith) 找到了第 47 个梅森素数, 共 12978189 位. 他获得了 10 万美元的奖金, 其发现也被《时代》周刊评选为年度 50 项科学发明之一. 其实, 第 45 个和第 46 个梅森素数就已经超过 1000 万位, 可惜这两个较小的梅森素数发现得都比史密斯的发现晚了几个月. 这类时间颠倒的例子历史上已有过, 第 29 个梅森素数的发现是在 1988 年, 而第 30 个和第 31 个梅森素数发现的时间分别是 1983 年和 1985 年, 不过那时并没有高额奖金.

　　还是在迪金森的《数论史》首卷里, 作者用 50 页的篇幅回顾了前计算机时代梅森素数和完美数的历史. 他提到了, 斐波那契、卡尔达诺、塔尔塔利亚、莱布尼兹、卡塔兰、西尔维斯特、卡迈克尔和迪金森本人等大数学家的许多工作. 其中斐波那契误以为用他的方法可以构造出无穷多个完美数; 塔尔塔利亚也误以为 $1+2+4, 1+2+4+8, \cdots$ 交替为素数和合数; 而莱布尼兹更曾错误地认为, $2^n - 1$ 是素数当且仅当 n 是素数.

　　必须指出的是, 卢卡斯–拉赫曼素数检测法虽然简便, 但 S_k 增长极快. 事实

上, 从 S_0 开始的前 8 个数为

$4, 14, 194, 37634, 1416317954, 2005956546822746114,$

$40238616677410360228256356561102100994,$

$16191462721115671781777559070120513664958590125499158514329308740975788034.$

这 8 个数本身只能帮助判断 M_2, M_3, M_5, M_7 是素数. 由此可以想象, 用卢卡斯–拉赫曼素数检测法判断梅森素数对计算机的性能有很高的要求. 对新的梅森素数的搜索和探求既是各大计算机公司和大学之间的竞争, 又呈现出数学爱好者和计算机专家之间的合作. 目前全球有近 200 个国家和地区的数十万台计算机参与 GIMPS 合作项目, 动用了超过 183 万个核中央处理器来联网. 无论如何, 卢卡斯-拉赫曼素数检测法迄今仍是寻找新的梅森素数的最有效方法.

或许是受 GIMPS 计划的启发, 2000 年, 英国数学家、1998 年菲尔兹奖得主高尔斯 (T. Gowers, 1963—) 在博客上发起了 Polymath(博学者) 计划, 号召大家一起攻克一些困难无比的数学难题. 华裔澳大利亚数学家、2006 年菲尔兹奖得主陶哲轩 (T. Tao, 1975—) 发起了 Polymath 5 (博学者 5) 计划. 当 2013 年华裔美国数学家张益唐宣布他证明了存在无穷多相邻不超过 7000 万的素数对时, 数论学家又发起了 Polymath 8 (博学者 8) 计划, 主要依赖于英国数学家梅纳德 (James Maynard, 1987—) 的方

图 1.23 数论的后起之秀——梅纳德

法和结论, 很快把张益唐得到的下界改进为 246, 梅纳德也因此独立获得 2020 年柯尔奖.

第 2 章 完美数问题

2.1 偶完美数的性质

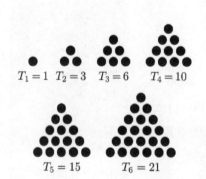

$T_1 = 1$ $T_2 = 3$ $T_3 = 6$ $T_4 = 10$

$T_5 = 15$ $T_6 = 21$

图 2.1 前 6 个三角形数

下面, 我们介绍完美数的一些性质及其推广. 首先, 我们要介绍何为三角形数, 它是那种可以排列成三角形的整数, 比如保龄球和斯诺克球, 分别是边长有 4 个球和 6 个球的三角形数, 其中前 10 个三角形数为 1,3, 6,10,15,21,28,36,45,55. 有时, 也把 0 归为三角形数.

性质 2.1 所有的偶完美数都是三角形数. 也就是说, 等于前面若干个连续正整数之和.

例如,

$$6 = 1 + 2 + 3 = \binom{4}{2}, \quad 28 = 1 + 2 + \cdots + 7 = \binom{8}{2},$$

$$496 = 1 + 2 + \cdots + 31 = \binom{32}{2}, \quad 8128 = 1 + 2 + \cdots + 127 = \binom{128}{2}.$$

事实上, 对于偶完美数 $n = 2^{p-1}(2^p - 1)$, 只要令 $m = 2^p - 1$, 则

$$n = \begin{pmatrix} m+1 \\ 2 \end{pmatrix}.$$

性质 2.2 除 6 以外, 每个偶完美数可以表示成连续的奇立方数之和.

例如,

$$28 = 1^3 + 3^3, \quad 496 = 1^3 + 3^3 + 5^3 + 7^3,$$

$$8128 = 1^3 + 3^3 + \cdots + 15^3, \quad 33550336 = 1^3 + 3^3 + \cdots + 127^3.$$

事实上, 利用尼科马科斯定理,

$$1^3 + 3^3 + \cdots + (2n-1)^3$$

$$= \{1^3 + 2^3 + \cdots + (2n)^3\} - \{2^3 + 4^3 + \cdots + (2n)^3\}$$

$$= \left\{\frac{2n(2n+1)}{2}\right\}^2 - 8\left\{\frac{n(n+1)}{2}\right\}^2 = n^2(2n^2 - 1).$$

取 $n = 2^{\frac{p-1}{2}}$, 即得

$$1^3 + 3^3 + \cdots + (2n-1)^3 = 2^{p-1}(2^p - 1).$$

性质 2.3 每个偶完美数均可以表示为 2 的一些连续正整数次幂之和, 且它们的个数为素数.

例如,

$$6 = 2^1 + 2^2, \quad 28 = 2^2 + 2^3 + 2^4,$$

$$496 = 2^4 + 2^5 + \cdots + 2^8, \quad 8128 = 2^6 + 2^7 + \cdots + 2^{12},$$

$$33550336 = 2^{12} + 2^{13} + \cdots + 2^{24}.$$

事实上, 利用等比级数的求和公式,

$$2^a + 2^{a+1} + \cdots + 2^{a+b} = 2^a(2^{b+1} - 1),$$

取 $a = b = p - 1$ 即可.

性质 2.4　偶完美数都是以 6 或 8 结尾. 如果以 8 结尾, 那么必定以 28 结尾.

证　当 $p = 2$ 时, 对应的完美数是 6; 当 $p \equiv 1(\mathrm{mod}\,4)$ 时, $2^{p-1}(2^p - 1) \equiv$ 6 $(\mathrm{mod}\,10)$; 而当 $p \equiv 3(\mathrm{mod}\,4)$ 时, $2^{p-1}(2^p - 1) \equiv 8(\mathrm{mod}\,10)$.

另一方面, 对应任意正整数 k, 当 $p \equiv 3(\mathrm{mod}\,4)$ 时, $2^{4k} \equiv 16, 36, 56, 76$ 或 $96(\mathrm{mod}\,100)$. 无论如何, 只要 $p \equiv 3(\mathrm{mod}\,4)$ 时, 均有 $2^{p-1}(2^p - 1) \equiv 28(\mathrm{mod}\,100)$.

从已知的 51 个完美数来看, 它所对应的素数中, 模 4 余 1 的有 31 个, 模 4 余 3 的仅有 19 个.

性质 2.5　除 6 以外的偶完美数, 它们被 9 除余 1.

例如,

$$28 = 9 \times 3 + 1, \quad 496 = 9 \times 55 + 1, \quad 8128 = 9 \times 903 + 1.$$

注意到 $2^6 \equiv 1(\mathrm{mod}\,9)$, 我们有, 当 $p \equiv 1(\mathrm{mod}\,6)$ 时, $2^{p-1}(2^p - 1) \equiv 1 \times 1 \equiv 1(\mathrm{mod}9)$; 而当 $p \equiv 5(\mathrm{mod}\,6)$ 时, $2^{p-1}(2^p - 1) \equiv 7 \times 4 \equiv 1(\mathrm{mod}\,9)$.

性质 2.6　偶完美数是有害数.

所谓有害数 (pernicious number) 是指这样的正整数, 当它表示成二进制时 1 的个数为素数. 例如, 3 是最小的有害数, 因为 $3_2 = 101$. 考虑偶完美数 $2^{p-1}(2^p - 1)$, 注意到

$$2^{p-1}(2^p - 1) = 2^{p-1}(2^{p-1} + \cdots + 2 + 1) = 2^{2p-2} + \cdots + 2^p + 2^{p-1}.$$

故而当它表示成二进制时, 是由连续 p 个 1 和连续 $p - 1$ 个 0 组成的.

例如,

$$6_{10} = 110_2,$$
$$28_{10} = 11100_2,$$
$$496_{10} = 111110000_2.$$
$$8128_{10} = 1111111000000_2,$$
$$33550336_{10} = 1111111111111000000000000_2.$$

性质 2.7　偶完美数是实用数.

所谓实用数 (practical number) 是指这样的正整数 n, 比 n 小的正整数均可以表示成 n 的若干不同因子之和. 例如, 12 是实用数, 因为 1 到 11 的数里, 1, 2,

3, 4, 6 是 12 的因子, 而 $5 = 3 + 2, 7 = 6 + 1, 8 = 6 + 2, 9 = 6 + 3, 10 = 6 + 3 + 1, 11 = 6 + 3 + 2$.

易知, 对任意正整数 i, $2^i (0 \leqslant i \leqslant p - 1)$ 是实用数. 考虑偶完美数 $n = 2^{p-1}(2^p - 1)$, 设 $1 \leqslant k < 2^{p-1}$, 则易知 $k(2^p - 1)$ 可表为 n 的不同因子之和. 下设

$$k(2^p - 1) < x < (k+1)(2^p - 1), \quad 1 \leqslant k < 2^{p-1},$$

则

$$0 < x - k(2^p - 1) < 2^p - 1,$$

故而 $x - k(2^p - 1)$ 可表为 $1, 2, 2^2, \cdots, 2^{p-1}$ 中若干个数之和; 另一方面, $k(2^p - 1)$ 也可表为 $2^p - 1, 2(2^p - 1), \cdots, 2^{p-2}(2^p - 1)$ 中的若干个数之和. 从而, x 可以表示成 n 的不同素因子之和.

性质 2.8 除 6 以外的偶完美数, 把它的各位数字辗转相加, 直到变成个位数, 那么这个个位数一定是 1.

例如,

28: $2 + 8 = 10, \quad 1 + 0 = 1$;

496: $4 + 9 + 6 = 19, \quad 1 + 9 = 10, \quad 1 + 0 = 1$;

8128: $8 + 1 + 2 + 8 = 19, \quad 1 + 9 = 10, \quad 1 + 0 = 1$;

33550336: $3 + 3 + 5 + 5 + 0 + 3 + 6 = 28, \quad 2 + 8 = 10, \quad 1 + 0 = 1$.

易知, 当 p 是奇素数时, $2^p + 1 \equiv 0 (\mathrm{mod}\ 3)$, 故而,

$$2^{p-1}(2^p - 1) = 1 + \frac{(2^p - 2)(2^p + 1)}{2} = 1 + 9 \binom{(2^p+1)/3}{2}.$$

又因为 $2^{p-1}(2^p - 1) \not\equiv 0 (\mathrm{mod}\ 10)$, 因此由同余和整除的关系可知, $2^{p-1}(2^p - 1)$ 的各位数之和模 9 余 1. 继续下去, 这个数在逐渐变小, 但余数却一直是 1, 直到最后这个数变成 1 为止.

2.2　完美数问题

问题 2.1 到底有多少偶完美数?

经过历代数学家和数学爱好者的共同努力, 迄今为止, 一共找到了 51 个偶完美数, 对应的第 51 个梅森素数是

$$2^{82589933} - 1,$$

它和相应的完美数分别有 24862048 位和 49724095 位. 后者的个位数是 6, 如果用普通字号打印出来的话, 其长度将超过 200 公里. 这个在 2018 年 12 月 7 日找到的梅森素数和完美数是迄今人们所知最大的素数和最大的完美数.

图 2.2 法国宗教改革家
勒菲弗尔

可是, 仍然无人知道, 偶完美数究竟是有限个, 还是有无穷多个?

问题 2.2 有没有奇完美数?

到目前为止, 人们发现的完美数均为偶数, 会不会有奇完美数存在呢? 无人能够回答. 人们只知道即便有, 这个奇完美数也会非常之大, 并且需要满足一系列苛刻的条件 (参见下节). 事实上, 除了古希腊的尼科马科斯猜想所有的完美数均为偶数. 中世纪的法国文学家、神学家、翻译家和人文主义者勒菲弗尔 (Jacques Lefevre, 约 1455—1536) 也相信, 奇完美数是不存在的.

勒菲弗尔是欧洲宗教改革前夕的宗教改革家, 力图把宗教研究从早期的经院哲学中解放出来, 1530 年, 他把整部《圣经》从天主教会法定的通俗拉丁文版本译成法文版本, 对年轻一代学者有重要影响, 也对年轻一辈的马丁·路德有所影响. 中年时候, 他出版过亚里士多德的伦理学、政治学和形而上学著作的译本或注译本, 同时他又对数学和物理学很感兴趣, 出版过多部数学和物理学讲义. 1496 年, 他研究了完美数之后, 指出欧几里得的完美数公式给出了所有的完美数.

无论如何, 由 1 世纪的希腊人尼科马科斯以猜想的方式提出来的完美数问题是迄今尚未解决的最古老的数学问题之一. 即便借助强有力的计算机, 即便在其他猜想或假设成立条件下, 这两个问题也无人能够予以回答. 偶完美数的寻找已经是历史最悠久的数学智慧的历险记, 即便有外星人前来拜访或者人类移居到外星, 这个故事恐怕仍然会继续下去.

而关于尼科马科斯的猜想 3), 即偶完美数依次以 6 和 8 结尾, 自从 1747 年欧拉证明偶完美数的必要条件之后, 它就被推翻了. 那以后, 就没有完美数个位数的任何猜测或想法了. 我们将在本章的最后一节, 提出这个问题的一个新猜想, 使其与黄金分割比相联系.

2.3　奇 完 美 数

当欧拉证明了偶完美数的必要条件时, 他就曾断言: "是否存在奇完美数, 这是最难的数学问题."

但是, 欧拉证明了, 若奇完美数存在, 则它必具有形式

$$n = p^\alpha m^2, \tag{2.1}$$

其中 p 是不整除 m 的素数, $p \equiv \alpha \equiv 1 (\mathrm{mod}\, 4)$. 特别地, $n \equiv 1 (\mathrm{mod}\, 4)$.

这个结果表明, 若奇完美数存在的话, 它必含有某素数的奇数次幂因子, 因而不可能是平方数.

上述结果的证明是容易的, 设 $n = p_1^{\alpha_1} \cdots p_k^{\alpha_k}$ 是 n 的标准因子分解式, $p_i (1 \leqslant i \leqslant k)$ 是奇素数. 由 (1.2), $\sigma(n)$ 的可乘性和计算公式 $\sigma(p^\alpha) = \dfrac{p^{\alpha+1} - 1}{p - 1}$, 可知

$$\frac{p_1^{\alpha_1+1} - 1}{p_1 - 1} \cdots \frac{p_k^{\alpha_k} - 1}{p_k - 1} = 2 p_1^{\alpha_1} \cdots p_k^{\alpha_k}. \tag{2.2}$$

不妨设

$$1 + p_1 + \cdots + p_1^{\alpha_1} \equiv 2 (\mathrm{mod}\, 4), \tag{2.3}$$

对其余的 $2 \leqslant j \leqslant k$,

$$1 + p_j + \cdots + p_j^{\alpha_j} \equiv 1 (\mathrm{mod}\, 2). \tag{2.4}$$

由 (2.3) 可推得 $p_1 \equiv 1 (\mathrm{mod}\, 4)$, 进而 $\alpha_1 \equiv 1 (\mathrm{mod}\, 4)$. 再由 (2.4) 可以推得, $\alpha_j (2 \leqslant j \leqslant k)$ 均为偶数. 由此, (2.1) 得证.

下面我们证明, 若 n 是奇完美数, 则 (2.1) 中的 m 必含有两个不同的素因子, 从而 n 至少有 3 个不同的素因子, 即 (2.2) 中的 $k \geqslant 2$. 我们用反证法, 设 $k = 1$,

则有

$$\frac{p^{\alpha+1}-1}{p-1}\frac{q^{2\beta+1}-1}{q-1} = 2p^\alpha q^{2\beta}.$$

因此,

$$2 = \frac{1-\dfrac{1}{p^{\alpha+1}}}{1-\dfrac{1}{p}} \times \frac{1-\dfrac{1}{q^{2\beta+1}}}{1-\dfrac{1}{q}} < \frac{p}{p-1} \times \frac{q}{q-1} \leqslant \frac{3}{2} \times \frac{5}{4} = \frac{15}{8}.$$

矛盾! 故而, 结论成立.

图 2.3   美国数学家波默朗斯

2003 年, 美国数学家波默朗斯 (Carl Pomerance, 1944—) 给出了解释理由, 说明不应该存在奇完美数.

2007 年, 丹麦数学家 P. Nielsen 证明了, 奇完美数至少有 9 个不同的素因子和 101 个素因子, 若不包含 3, 则至少有 12 个不同的素因子. 2015 年, 他又证明了, 奇完美数至少有 10 个不同的素因子.

2012 年, 法国数学家 P. Ochem 和俄罗斯数学家 M. Rao 证明了: 如果奇完美数存在, 那它必须大于 10^{1500}.

2.4   托查德定理

1953 年, 法国数学家托查德 (Jacques Touchard, 1885—1968) 利用欧拉关于奇完美数的结果和 $\sigma(n)$ 的可乘性, 证明了

定理 2.1 (托查德)   若存在奇完美数, 则必为 $12m+1$ 或 $36m+9$.

为证明托查德定理, 需要下列引理.

引理 2.1   若 $n = 6k-1$, 则 n 非完美数.

证明   用反证法, 设 n 为完美数, 且 $n \equiv -1(\mathrm{mod}6)$. 则有 $n \equiv -1(\mathrm{mod}3)$. 由于模 3 的二次剩余只有 0 和 1, 故 n 为非平方数, 因此其正因子个数为偶数, 这是因为 n 的某个奇素数因子 p 的幂 α 为奇数, 而由 $\sigma(n)$ 的可乘性以及

$$\sigma(p^\alpha) = 1 + p + \cdots + p^\alpha$$

为偶数的缘故.

设 d 为 n 的任何因子, 我们有

$$d \equiv 1 \,(\mathrm{mod}3) \text{ 且 } \frac{n}{d} \equiv -1(\mathrm{mod}3);$$

或者

$$d \equiv -1(\mathrm{mod}3) \text{ 且 } \frac{n}{d} \equiv 1(\mathrm{mod}3).$$

无论如何,

$$\frac{n}{d} + d \equiv 0(\mathrm{mod}3).$$

故而 (n 为非平方数)

$$\sigma(n) = \sum_{d<\sqrt{n}} \left\{ d + \frac{n}{d} \right\} \equiv 0(\mathrm{mod}3).$$

但 $2n \equiv 2(-1) \equiv 1(\mathrm{mod}\,3)$, 矛盾. 引理得证.

定理 2.1 的证明   由引理 2.1 知, n 的形式只可能为 $6k+1$ 或 $6k+3$. 若 $n = 6k+1$, 由欧拉的结果, $n = 4j+1$, 综合可得, $n = 12m+1$. 若 $n = 6k+3$, 由 $n = 4j+1$ 可得 $n = 12i+9 = 3(4i+3)$. 若 i 非 3 的倍数, 则 $(3, 4i+3) = 1$. 因 $\sigma(n)$ 为可乘函数, 可得

$$\sigma(n) = \sigma(3)\sigma(4i+3) = 4\sigma(4i+3) \equiv 0(\mathrm{mod}4),$$

但 $2n = 2(4j+1) \equiv 2(\mathrm{mod}4)$, 矛盾. 故知 i 是 3 的倍数. 令 $i = 3m$, 即得 $n = 36m+9$.

2008 年, 澳大利亚数学家罗伯特 (T. Robert) 对托查德的结果做了微弱的改进, 他证明了: 若 n 是奇完美数, 则必为以下三种形式之一, 即 $12m+1, 324m+81, 468m+117$. 显而易见, 后两个式子均为 $36m+9$ 的特例.

证   设 n 是奇完美数, $3^k\|n$, 由欧拉公式 (2.2) 知, k 必为偶数. 注意到, $\sigma(3^k) = 1 + 3 + \cdots + 3^k | \sigma(n) = 2n$. 若 $k = 0$, 则由托查德定理可知, $n \equiv 1(\mathrm{mod}12)$. 若 $k = 2$, 同样由托查德定理可知, $n \equiv 9(\mathrm{mod}36)$; 又因为 $\sigma(3^2) = 13$, $n \equiv 0(\mathrm{mod}13)$, 故由秦九韶定理 (中国剩余定理), 可得 $n \equiv 117(\mathrm{mod}468)$.

若 $k > 2$, 则由欧拉公式 (2.1) 可得, $3^4 = 81 | n$. 再由 $n \equiv 9 \pmod{36}$, 以及秦九韶定理, 可得 $n \equiv 81 \pmod{324}$.

曾执教美国弗吉尼亚大学和约翰·霍普金斯大学的英国数学家西尔维斯特 (James Joseph Sylvester, 1814—1897) 主要是一位代数学家, 他与同胞凯莱 (A. Cayley, 1821—1895) 一道发展了行列式理论, 创立了代数型理论, 共同奠定了代数不变量的理论基础. 西尔维斯特对数论研究也颇感兴趣, 尤其是整数分拆和丢番图分析. 1888年, 他说过, "对这一主题进行长时间的沉思以后我感到, 任何一个奇完美数的存在——从如此复杂的、各式各样的条件限制之下挣脱出来, 可以说, 都将会是一个奇迹."

图 2.4 英国数学家西尔维斯特

2.5 亏数和盈数

既然完美数如此稀少, 于是人们便引进了亏数 (deficient number) 和盈数 (abundant number) 的概念, 它们最早也是出现在尼科马科斯的著作中.

先来看数 "4", 它的真因子是 1 和 2, 其和为 3, 比 4 本身要小, 这样的数叫做亏数. 再来看数 "12", 它的真因子有 1, 2, 3, 4, 6, 其和为 16, 比 12 本身要大, 这样的数叫做盈数.

凡是素数均为亏数, 因为它的真因子只有 1.

只有 1 个或 2 个不同素因子的奇数也是亏数.

所有亏数或完美数的真因子也是亏数.

12 是第一个盈数, 它的素因子有 2 和 3.

945 是第一个奇盈数, 它的素因子有 3, 5 和 7.

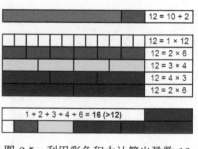

图 2.5 利用彩色积木计算出盈数 12

5391411025 是最小的不被 2 和 3 整除的盈数, 它的素因子有 5, 7, 11, 13, 17,

18, 23 和 29.

完美数的真倍数是盈数. 例如, 6 的真倍数包括因子 $1, \dfrac{n}{6}, \dfrac{n}{3}, \dfrac{n}{2}$, 它们的和是 $n+1$.

盈数的倍数是盈数, 例如, 20 是盈数, 它的倍数的真因子之和为 $\dfrac{n}{2} + \dfrac{n}{4} + \dfrac{n}{5} + \dfrac{n}{10} + \dfrac{n}{20} = n + \dfrac{n}{10}$.

盈数和亏数均有无穷多个. 1998 年, Marc Deleglise 证明了, 盈数加完美数的密度在 0.2474 和 0.2480 之间. 2006 年, Sandor 等人在《数论手册》里证明了, 当 n 充分大时, 区间 $[n, n + (\log n)^2]$ 上一定存在亏数.

关于亏数和盈数, 尚有一个问题未解决. 即是否存在这样的盈数, 它的真因子之和比它本身正好大 1(称为殆完美数)? 又, 除了 2 的非负整数幂, 是否存在其他的亏数, 它的真因子之和恰好比它本身小 1(称为几乎完美数)?

又若求取真因子之和比自身大 2 的盈数, 则有许多, 其中最小的是 20. 事实上, 20 的真因子之和为 $1 + 2 + 4 + 5 + 10 = 22$. 一般地, 设 $2^n - 3$ 是素数, 则 $2^{n-1}(2^n - 3)$ 便是真因子比自身大 2 的盈数, 取 $n = 3, 4, 5, 6, 9, 10$, 可以得到 6 个这样的数.

从某种意义上讲, 完美数就是既不盈余, 也不亏欠的自然数. 正如尼科马科斯所指出的: 也许是这样, 正如美的、卓绝的东西是罕有的, 是容易计数的, 而丑的、坏的东西却滋蔓不已; 是以盈数和亏数非常之多, 杂乱无章, 它们的发现也毫无规律可言.

现在, 我们来回顾一下, 尼科马科斯当年提出那 5 个猜想. 这其中, 猜想 1 和猜想 3 被证明是错误的, 猜想 4 和猜想 5(在欧拉的工作之后) 可以合二为一, 它与猜想 2 至今仍是公开的问题, 也构成了上述 "完美数问题".

2.6 奇异数和半完美数

在盈数中, 我们注意到这样的差异. 有的盈数如 12, 它们的真因子之和 16 虽说大于 12, 但部分真因子之和可以等于 12. 事实上, $12 = 2 + 4 + 6 = 1 + 2 + 3$

+ 6. 另一方面, 70 也是盈数,

$$1 + 2 + 5 + 7 + 10 + 14 + 35 = 74 > 70.$$

但是, 我们却找不到它的部分和等于 70.

于是, 人们有了新的定义, 把前一种数称为半完美数 (semi-perfect number), 而把后一种数称为奇异数 (weird number).

最小的 10 个半完美数有 6, 12, 18, 20, 24, 28, 30, 36, 40, 42.

完美数一定是半完美数, 半完美数的倍数均为半完美数. 因此, 存在无穷多个半完美数.

形如 $2^k p$ 的数是半完美数, 只要 k 是自然数, p 是素数, 满足 $p < 2^{k+1}$.

形如 $2^k(2^{k+1} - 1)$ 的数也是半完美数, 特别地, 若 $2^{k+1} - 1$ 是素数 (梅森素数), 则它是完美数.

最小的奇半完美数是 945, 这是 C. Friedman 在 1993 年发现的. 事实上, $945 = 3^3 \times 5 \times 7$, $\dfrac{\sigma(945)}{2} - 945 = 15 = 1 + 5 + 9$.

图 2.6　匈牙利数学家
爱多士

若一个半完美数的任何因子都不是半完美数, 则称为原半完美数 (primitive semi-perfect number), 最小的 10 个原半完美数是 6,20,28,88,104,272,304,350, 368, 464.

存在无穷多个原半完美数, 例如, $2^m p$, 只要 p 是素数, $2^m < p < 2^{m+1}$.

匈牙利数学家爱多士 (Paul Erdös, 1913—1996) 在数论领域有着广泛的涉猎, 他自然不会错过完美数问题. 他证明了, 存在无穷多个奇的原半完美数.

再来看奇异数. 最小的 10 个奇异数是 70, 836, 4030, 7192, 7912, 9272, 10430, 10570, 10792, 10990.

存在无穷多个奇异数. 例如, $70p$ 便是, 只要 p 是大于或等于 149 的素数. 可是, 我们却找不到一个奇数的奇异数. 如果存在, 它必然要大于 10^{21}. 1976 年, Sidney Kravitz 找到了一个很大的奇异数

$$2^{56} \cdot (2^{61} - 1) \cdot 153722867280912929 \approx 2 \cdot 10^{52}.$$

最后, 我们要介绍高斯完美数. 它是高斯整数环上的完美数, 有不少数论学家试图在高斯整数环上定义完美数, 我们介绍的只是其中之一. 设 n 为高斯整数, $N(d)$ 表示 d 的范数, 假如

$$\sum_{d|n} N(d) = 2N(n),$$

则 n 称为完美数. 同样, 我们可以定义 k 阶高斯完美数 (参见 2.10 节), 即满足

$$\sum_{d|n} N(d) = (k+1)N(n)$$

的正整数 n. 当 $k=1$ 时, 此即高斯完美数. 这是两位美国数学家 De Macedo 和 Ziegle 在 2015 年度美国西海岸数论会议 (Western Coast Number Theory Conference) 上提出来的, 他们称之为范数完美数, 并发现了一个高斯完美数 $9+3i$. 事实上,

$$9 + 3i = 3(1+i)(2-i),$$

其真因子有 $1, 3, 1+i, 2-i, 3+3i, 6-3i, 3+i$, 满足

$$N(1) + N(3) + N(1+i) + N(2-i) + N(3+3i) + N(6-3i) + N(3-i)$$
$$= 1 + 9 + 2 + 5 + 18 + 45 + 10 = 90 = N(9+3i).$$

考虑到范数完美数既美丽又简洁, 且是定义在高斯整数环上, 我们不妨称之为高斯完美数. 很自然地, 我们有几个基本问题要问, 除了 $9+3i$ 和它的相伴数和共轭数以外, 还有哪些高斯完美数? 是否存在 $k(k>1)$ 阶高斯完美数? 这些新的完美数的判别法和无穷性又如何?

2.7 欧尔数和调和中值

1948 年, 挪威数学家欧尔 (Oyster Ore, 1899—1968) 定义了调和除数数, 也被称为欧尔数, 是指这样的自然数 n, 它的调和中值 (因子个数与因子倒数之和的

图 2.7   挪威数学家欧尔

商) 为整数. 若记 $\tau(n)$ 为 n 的因子个数, 将其调和中值 $H(n)$ 定义为

$$\frac{\tau(n)}{\sum_{d|n} \dfrac{1}{d}} = \frac{n\tau(n)}{\tau_1(n)},$$

此处 $\tau_s(n) = \sum_{d|n} d^s, \tau_0(n) = \tau(n)$.

例如, 6 有 4 个因子 1, 2, 3 和 6, 其调和中值为

$$\frac{4}{1 + \dfrac{1}{2} + \dfrac{1}{3} + \dfrac{1}{6}} = 2.$$

而 140 有 12 个因子 1, 2, 4, 5, 7, 10, 14, 20, 28, 35, 70 和 140, 其调和中值为

$$\frac{12}{1 + \dfrac{1}{2} + \dfrac{1}{4} + \dfrac{1}{5} + \dfrac{1}{7} + \dfrac{1}{10} + \dfrac{1}{14} + \dfrac{1}{20} + \dfrac{1}{28} + \dfrac{1}{35} + \dfrac{1}{70} + \dfrac{1}{140}} = 5.$$

故 6 和 140 均为欧尔数.

上式还有简便的求法. 因为 $\tau_s(n)$ 为可乘函数, 故而 $H(n)$ 也为可乘函数.

$$H(4) = \frac{3}{1 + \dfrac{1}{2} + \dfrac{1}{4}} = \frac{12}{7}, \quad H(5) = \frac{2}{1 + \dfrac{1}{5}} = \frac{5}{3}, \quad H(7) = \frac{2}{1 + \dfrac{1}{7}} = \frac{7}{4},$$

故而,

$$H(140) = H(4)H(5)H(7) = \frac{12}{7} \cdot \frac{5}{3} \cdot \frac{7}{4} = 5.$$

最小的 13 个欧尔数为

$$1, 6, 28, 140, 270, 496, 672, 1638, 2970, 6200, 8128, 8190, 18600.$$

欧尔证明了, 凡完美数必为欧尔数.

这是因为, 完美数 M 的因子之和为 $2M$. 故其因子的均值为 $2M/\tau(M)$. 对任意的 $M, \tau(M)$ 是奇数当且仅当 M 是平方数, 否则的话, M 的每个因子 d 可与不同的因子 M/d 一一对应. 另一方面, 由 (1.3) 和 2.3 节欧拉关于奇完美数均为非平方数的结论, 对于任意完美数 $M, \tau(M)$ 是偶数且因子的均值等于 M 和单位

分数 $2/\tau(M)$ 的乘积; 从而 M 的调和中值 $\dfrac{\tau(M)}{2}$ 为整数. 也就是说, M 是调和除数数或欧尔数.

欧尔猜测, 除了 1 以外, 不存在奇调和除数数. 如果这个猜想为真, 则可导出奇完美数不存在. 目前已经证明, 若存在奇的欧尔数, 则必有 3 个或 3 个以上的不同素因子, 且其值必须大于 10^{24}.

欧尔就读于奥斯陆大学, 1924 年获得博士学位. 后来他到德国哥廷根大学跟诺特学习抽象代数, 之后任教于美国耶鲁大学, 直到退休. 欧尔的主要研究领域是抽象代数和图论, 数论算是他的业余爱好. 此外, 他对数学史也很感兴趣, 还写过同胞数学家阿贝尔和意大利数学家卡尔达诺的传记. 欧尔曾受邀在奥斯陆国际数学家大会上作一小时报告 (1936 年), 后来当选美国艺术和科学学院院士和挪威国家科学院院士.

2.8　欧尔数的变种

本节我们改变欧尔数或调和中值的定义, 对任意整数 $n > 1$, 令其调和中值为除 1 以外因子个数与因子倒数之和的商, 即 $\dfrac{\tau(n) - 1}{\sum\limits_{d|n}\dfrac{1}{d} - 1}$. 则当 n 为素数时, 必为欧尔数,

因为其调和中值为 n; 而当 n 为完美数时, 其调和中值等于 $\tau(n) - 1$, 为整数, 故也为欧尔数.

假设 $n = pq$ 为两个不同素数的乘积, 则其调和中值为

$$\frac{3pq}{1 + p + q},$$

图 2.8　欧尔的著作《数论和它的历史》扉页 (1948)

易知当 $q = 2p - 1$ 时, 调和中值等于 q 为整数, 故我们得到一串欧尔数

$$2\times 3,\quad 3\times 5,\quad 7\times 13,\quad 19\times 37,\quad 31\times 61,\quad 37\times 73,\quad 79\times 157,\quad 97\times 193,\cdots,$$

其中 6 也为完美数.

假设 $n = pqr$ 为 3 个不同素数的乘积, 则其调和中值为

$$\frac{7pqr}{1+p+q+r+pq+qr+rp},$$

易知当 $q = 2p-1, r = 2q-1 = 4p-3$ 时, 调和中值等于 r 为整数, 故我们得到一串欧尔数

$2\times3\times5, \quad 19\times37\times73, \quad 79\times157\times313, \quad 439\times977\times1753, \quad 661\times1321\times2641,\cdots.$

含有 4 个不同素因子的整数中, 最小的欧尔数为

$$2131 \times 4261 \times 8521 \times 17041,$$

这是一个 16 位数.

一般地, 若存在素数 p, 使得

$$p, \quad 2p-1, \quad 4p-3, \quad 8p-7, \quad \cdots, \quad 2^\alpha p - 2^\alpha + 1 \quad (\alpha \text{ 为正整数}) \qquad (2.5)$$

均为素数, 若令

$$n = \prod_{i=0}^{\alpha} (2^i p - 2^i + 1).$$

不难求得 n 的调和中值为

$$\frac{(2^{\alpha+1}-1)n}{(p+1)\prod_{i=0}^{\alpha-1} 2(2^i p - 2^i + 1) - \prod_{i=0}^{\alpha}(2^i p - 2^i + 1)}$$

$$= \frac{(2^{\alpha+1}-1)(2^\alpha p - 2^\alpha + 1)}{(p+1)2^\alpha - (2^\alpha p - 2^\alpha + 1)} = 2^\alpha p - 2^\alpha + 1,$$

即知 n 为欧尔数, 我们称 (2.5) 为长度为 α 的欧尔素数 (Ore prime).

问题 2.3 是否存在无穷多个欧尔素数?

问题 2.4 对于给定的正整数 α, 是否存在无穷多个长度为 α 的欧尔素数?

问题 2.5 当 n 取遍所有的欧尔数时, $\sum_n \dfrac{1}{n}$ 的和或阶为多少?

此外, 我们还有以下的命题.

命题 形如 $n = p^2 q$ 的数中, 只有 $28 = 2^2 \times 7$ 和 $117 = 3^2 \times 13$ 是欧尔数.

证 当 $n = p^2 q$ 时, 它的调和中值为

$$h(n) = \frac{5p^2 q}{1 + p + q + pq + p^2}.$$

首先, 我们假设 $p \neq 5, q \neq 5$. 若 n 为欧尔数, 则 $h(n)$ 仅有以下 12 种可能:

$$1, \quad 5, \quad p, \quad q, \quad pq, \quad p^2, \quad p^2 q, \quad 5p, \quad 5q, \quad 5pq, \quad 5p^2, \quad 5p^2 q.$$

显然, 后 6 种情形不可能出现. 因为此时,

$$\frac{5p^2 q}{1 + p + q + pq + p^2} \Big/ h(n)$$

不为整数.

若 $h(n) = pq$, 则

$$5p = \frac{5p^2 q}{h(n)} = 1 + p + q + pq + p^2 > (1 + p + q)p > 5p,$$

矛盾!

若 $h(n) = p$, 则 $4pq = 1 + p + q + p^2$, 两端同乘 16, 移项可得 $(4p - 1)(16q - 4p - 5) = 21$. 无解.

若 $h(n) = q$, 则 $5p^2 = \dfrac{5p^2 q}{h(n)} = 1 + p + q + pq + p^2$. 我们可用两种方法判断其无解, 一是由 $(1 + p)(1 + q) = 4p^2$, $p^2 | 1 + q, 1 + p \leqslant 4, p = 2$ 或 3, 无论哪种情况均无解. 二是由 $(p - 1)(q - 1) = (4p - 1)(q - 1), 1 - q \equiv 2 (\bmod p), p | q + 1$, 另一方面, 显然 $q + 1 < p$. 矛盾!

若 $h(n) = p^2$, 则 $5q = \dfrac{5p^2 q}{h(n)} = 1 + p + q + pq + p^2, p = 2$ 或 3. 仅当 $p = 3$ 时有解 $q = 13$. 此时 $n = 117$!

若 $h(n) = 1$ 或 5, 则 $1 + p + q + pq + p^2 = (1 + p)(1 + q) + p^2 = 5p^2 q$ 或 $p^2 q$. 因此, $p^2 | 1 + q$, 记 $1 + q = Ap^2$, 代入上式. 可得

$$(1 + p)Ap^2 + p^2 = 5p^2(Ap^2 - 1) \text{ 或 } p^2(Ap^2 - 1).$$

约去 p^2, 可得

$$(1 + p)A + 1 = 5(Ap^2 - 1) \text{ 或 } (Ap^2 - 1),$$

两端取模 A, 即得

$$1 \equiv -5 \text{ 或 } -1 (\mathrm{mod}\, A),$$

此即 $A|6$ 或 $A|2$, 分别对应于 $h(n) = 1$ 或 5. 依次取 $A = 1, 2, 3, 6$ 或 $1, 2$, 只有在后一种情况下, 当 $A = 2$ 时有解 $p = 2, q = 7$. 此时, $n = 28$.

最后, 若 p 或 q 等于 5, 同样可以推导出无解. 故而命题得证.

2.9　亲和数问题

所谓亲和数或友好数 (amicable number) 是指这样一对正整数, 其中的任意一个是另一个的真因子之和. 显然, 完美数与其自身互为亲和数, 因此通常只考虑两个不同的数. 这个问题也归因于毕达哥拉斯, 他给出了第一对亲和数 220 和 284, 这是因为

$$220 = 1 + 2 + 4 + 71 + 142,$$
$$284 = 1 + 2 + 4 + 5 + 10 + 11 + 20 + 22 + 44 + 55 + 110.$$

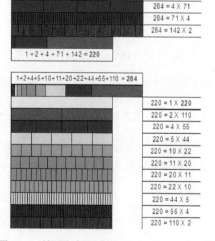

图 2.9　利用彩色积木验证（220，284）是对友好数

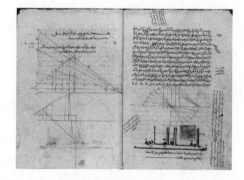

图 2.10　泰比特译阿波罗尼奥斯《圆锥曲线》

《创世纪》里也曾提到, 雅各送给孪生兄弟以扫 220 只羊, 以示挚爱之情. 后人为亲和数添加了神秘色彩, 使其在魔法术和占星术方面得到应用. 欧洲中世纪

期间, 有多位阿拉伯数学家找到亲和数, 其中叙利亚 (今属土耳其) 数学家、阿基米德著作的阿拉伯文译者泰比特 (Thabit ibn Qurra, 约 836—901) 率先给出了确定亲和数的方法, 即

泰比特定理 对任意整数 $n > 1$, 若

$$p = 3 \times 2^{n-1} - 1, \quad q = 3 \times 2^n - 1, \quad r = 9 \times 2^{2n-1} - 1$$

均为素数, 则 $(2^n pq, 2^n r)$ 必是一对亲和数.

当 $n = 2$ 时, 它对应的就是毕达哥拉斯发现的那一对. 遗憾的是, 阿拉伯人并没有利用这种方法找到新的亲和数. 而事实上, 有两对并不很难算. 很久以后, 泰比特的方法才由法国数学家重新发现, 这为他们寻找新的友好数开启方便之门.

1636 年, 相隔两千多年以后, 第二对亲和数 (17296, 18416) 由有着 “业余数学家之王” 美称的法国数学家费尔马找到; 两年以后, 费尔马的同胞、数学家兼哲学家笛卡尔找到了第三对 (9363584, 9437056), 它们分别对应于泰比特数组 $n = 4$ 和 $n = 7$ 的情形. 有一个说法, 笛卡尔发现的那一对亲和数已先期被 16 世纪的波斯萨菲王朝的数学家雅兹迪 (Yazdi) 找到了.

到了 1747 年, 欧拉推广了泰比特的方法, 一下子找到了 30 多对亲和数. 他一生共找到了 60 对, 其中最小的五对为 (2620, 2924), (5020, 5564), (6232, 6368), (10744, 10856), (12285, 14595), 它们都比费尔马得到的小. 不过第二小的亲和数是 (1184, 1210), 这是在 1866 年由一位 16 岁的意大利男孩帕格尼尼 (N. Paganini) 发现的. 现代计算机告诉我们, 费尔马当年找到的那对是第 8 小的亲和数.

欧拉还推广了泰比特定理, 被称为

欧拉法则 设 $n > m > 0$ 是整数, 若

$$p = (2^{n-m} + 1) \times 2^m - 1,$$
$$q = (2^{n-m} + 1) \times 2^n - 1,$$
$$r = (2^{n-m} + 1)^2 \times 2^{m+n} - 1$$

均为素数, 则 $(2^n pq, 2^n r)$ 是一对亲和数. 当 $m = n - 1$ 时, 此便是泰比特定理.

遗憾的是, 除了 $(m, n) = (1, 8), (29, 40)$ 以外, 欧拉法则并没有给出新的亲和数. 到 1946 年, 人们用手工找到 390 对亲和数. 随着计算机时代的来临, 亲和数

的发现犹如井喷. 到 2021 年 5 月, 人们已经发现了十亿多对亲和数, 确切的数字是, 1226927085 对亲和数. 可是, 我们仍无法知道是否有无限多对亲和数. 另外, 已知的亲和数对都是同奇偶的, 尚没有发现一奇一偶的亲和数, 也没有发现互素的亲和数. 下列这对 36 位和 42 位的奇亲和数对 (a, b) 是 1968 年由 P. Bratley 和 J.Mckay 利用计算机找到的:

$$a = 353804384422460183965044607821130625,$$

$$b = 353808169683169683168273495496273894069375.$$

1955 年, 爱多士证明了: 相比于整数, 亲和数的密度为零.

有趣的是, 人们还发现了亲和数链 (sociable numbers).

设有 n 个正整数组, 满足第一个数的真因子之和等于第二个数, 第二个数的真因子之和等于第三个数 …… 第 $n - 1$ 个数的真因子之和等于第 n 个数, 第 n 个数的真因子之和又恰好等于第一个数, 则它们构成长度为 n 的亲和数链.

亲和数链是由自学成才的比利时数学家波利特 (Paul Poulet, 1887—1946) 在 1918 年定义的, 他同时也给出了两条亲和数链. 一条是长度为 5 的亲和数链, 即 {12496—14288—15472—14536—14264}. 这是目前找到的唯一的长度为 5 的亲和数链, 这也是开始数最小的亲和数链. 另一条是长度为 28 的亲和数链是

{14316—19116—31704—47616—83328—177792—295488—629072—589786—294896—358336—418904—366556—274924—275444—243760—376736—381028—285778—152990—122410—97946—48976—45946—22976—22744—19916—17716}.

即便应用现代计算机, 这仍是目前找到的最长的亲和数链. 波利还通过手工计算, 找到 43 个新的高阶完美数.

迄今为止, 人们一共找到 1593 条亲和数链, 其中长度为 4 的共 1581 条. 例如, {1264460, 1547860, 1727636, 1305184} 是长度为 4 的亲和数链. 除此以外, 长度为 6, 8, 9 和 28 的各 5, 4, 1, 1 条. 可是, 至今尚无人发现长度为 3 的亲和数链, 也没有人可以否定它的存在.

2.10 k 阶完美数

如前文所言, 偶完美数与梅森素数有一一对应关系, 因此也成了计算机领域一个引人瞩目的著名问题. 这两种数的无穷性堪称一个不朽的谜语, 可谓是数学史上最悠久也最难解的问题. 另一方面, 许多伟大的数论学家都试图找到完美数的推广. 既然很少有正整数等于它的真因子之和, 那么为何不去寻找那样的正整数, 它整除自己的真因子之和呢? 换句话说, 考虑在 (1.1) 右边添加一个系数, 即

$$\sum_{d\mid n, d<n} d = kn,$$

此处 k 是正整数, 满足上述条件的 n 称为 k 阶完美数. 当 $k = 1$ 时, 即为普通意义的完美数. 这些数学家包括斐波那契、梅森、笛卡尔和费尔马, 以及后来的拉赫曼、卡迈克尔 (Robert Carmichael, 1879—1967) 和波利特. 他们有的没找到, 有的找到若干个解, 不过都是些零散的结果, 无法归结为类似梅森素数那样的无穷性.

第一个找到 k 阶完美数 $(k > 1)$ 的是剑桥大学的威尔士数学家雷科德 (Robert Recorde, 1512—1558), 他发现 120 是 2 阶完美数, 那是在 1557 年, 他把它写进了著作《智慧的磨刀石》(*Whetstone of Witte*) 里. 在同一本书里, 他首次使用 "=" 作为等号, 并率先把加号 "+" 和减号 "−" 介绍到英语世界. 1631 年, 梅森重新发现了这个数. 事实上,

图 2.11 美国数学家卡迈克尔   图 2.12 威尔士数学家雷科德

$$1+2+3+4+5+6+8+10+12+15+20+24+30+40+60 = 2 \times 120.$$

梅森并向费尔马发出挑战, 希望他找到 120 以外的 2 阶完美数. 结果六年以后, 费尔马真的找到了一个, 他发现 672 也是 2 阶完美数, 那是在 1637 年, 即他提出费尔马大定理的同一年. 费尔马进一步指出, 若 $q = (2^{n+3} - 1)/(2^n + 1)$ 是素数, 则 $3 \times q \times 2^{n+2}$ 是 2 阶完美数, 当 $n = 1$ 和 3 时, $q = 5$ 和 7 是素数, 分别对应于 120 和 672 这两个 2 阶完美数. 但用这个方法, 并没有找到其他 2 阶完美数.

　　不过第二年, 另一位法国人朱莫 (A. Jumeau) 就用别的方法找到了第 3 小的 2 阶完美数 $523776 = 3 \times 11 \times 31 \times 2^9$, 他向笛卡尔提出挑战. 结果当年, 笛卡尔就找到了一个 10 位数的 2 阶完美数 1476304896. 1639 年, 梅森找到一个 9 位数的 2 阶完美数 459818240. 今天, 我们知道它们分别是第 5 小和第 4 小的 2 阶完美数. 1643 年, 费尔马又找到一个 11 位的 2 阶完美数, 即第 6 小的 51001180160. 笛卡尔指出, 用费尔马的方法无法找到第 3 个 2 阶完美数.

　　那以后, 再也没有人找到新的 2 阶完美数, 人们相信, 它们不再有了. 但是, 却从来没有人可以证明. 另一方面, 又容易验证, 假如存在奇完美数 m, 那么 $2m$ 一定是 2 阶完美数. 事实上, 因为函数 $\sigma(m)$ 是可乘函数, 故而满足

$$\sigma(2m) = \sigma(2)\sigma(m) = 3(2m).$$

由于已知的 6 个 2 阶完美数均是 4 的倍数, 若能证明不存在第 7 个 2 阶完美数, 那就不会有奇完美数存在. 从而, 完美数问题可以解决一半.

　　值得一提的是, 17 世纪的这几位法国人都还找到过其他的 k 阶完美数. 比如笛卡尔, 他找到了 6 个 3 阶完美数, 即 30240, 32760, 23569920, 142990848, 66433720320, 403031236608 和 2 个 4 阶完美数 14182439040, 31998395520. 在电子计算机时代, 我们知道了, 它们分别是第 1、第 2、第 4、第 6、第 9、第 11 小的 3 阶完美数和最小的两个 4 阶完美数. 他们锲而不舍地寻找, 也没有找到一般的规律, 这可能是因为, 真因子之和被自身整除的自然数少之又少, 也因此格外珍惜. 关于 k 阶完美数, 同样有两个公开的问题:

问题 2.6　　是否存在无穷多个 k 阶完美数?

问题 2.7　　是否存在奇 k 阶完美数?

2.11 三种推广

超级完美数 (superperfect number) 是完美数的推广, 这一术语是由印度数学家 D. Suryanarayana 在 1969 年定义的, 他任教于毗湿奴理工学院计算机科学与工程学院, 却钟情于数论. 他定义的超级完美数 n 满足

$$\sigma^2(n) = \sigma(\sigma(n)) = 2n,$$

前 8 个超级完美数是

$$2, 4,\ 16,\ 64,\ 4096,\ 65536, 262144, 1073741824.$$

例如, $\sigma(\sigma(2)) = \sigma(3) = 4 = 2 \times 2$, $\sigma(\sigma(16)) = \sigma(31) = 32 = 2 \times 16$.

假如 n 是偶超级完美数, 那么 n 必为 2 的幂次, 即 2^k, 且 $2^{k-1} - 1$ 是梅森素数. 是否存在奇超级完美数? 我们依然不得而知. 一个奇超级完美数 n 必然是一个平方数, n 或 $\sigma(n)$ 至少有三个不同的素因子; 一个奇超级完美数必不小于 7×10^{24}.

进一步, 还可以定义 m 阶超级完美数 (m-superperfect number), 即对正整数 m, 满足

$$\sigma^m(n) = 2n$$

图 2.13 第 47 个梅森素数

的正整数 n. 当 $n = 1$ 或 2 时, 此即分别是完美数和超级完美数. 然而, 当 $m \geqslant 3$ 时, 不存在任何 m 阶超级完美数.

取而代之, 我们有下列所谓的 (m, k) 完美数 ((m, k)-perfect number), 也即满足下列等式的正整数 n,

$$\sigma^m(n) = kn$$

如此, 完美数是 $(1, 2)$ 完美数, k 阶完美数是 $(1, k)$ 完美数, 超级完美数是 $(2, 2)$ 完美数, m 阶超级完美数是 $(m, 2)$ 完美数.

又如, 前 3 个 (2,3) 完美数和 (2,4) 完美数分别是 8, 21, 512 和 15, 1023, 29127.

除了超级完美数, 还有下面所谓的 k 阶超完美数 (k-hyperperfect number), 它是指这样的正整数 n, 满足

$$n = 1 + k(\sigma(n) - n - 1).$$

1 阶超完美数即完美数, 所有 k 阶超完美数统称超完美数, 前 7 个超完美数是 6, 21, 28, 301, 325, 496, 697, 它们的阶分别是 1, 2, 1, 6, 3, 1, 12.

可以证明, 若 $k > 1$ 是奇数, $p = \dfrac{3k+1}{2}$ 和 $q = 3k + 4$ 是素数, 则 $p^2 q$ 是 k 阶超完美数. 2000 年, Judson McCranie 猜测, 当 $k > 1$ 是奇数时, 所有的 k 阶超完美数是这种形式. 进一步, 可以证明, 当 $p \neq q$ 是奇素数, k 是整数, 满足 $k(p+q) = pq - 1$ 时, 则 pq 是 k 阶超完美数.

此外, 还可以证明, 假如 $k > 0$, $p = k + 1$ 是素数, 则对所有的 $i > 1$ 使得 $q = p^i - p + 1$ 是素数, 那么 $n = p^{i-1}q$ 是 k 阶超完美数. 例如, $k=1, p=2$, 此即欧拉-欧几里得定理. 又如, $k=2, p=3$, 当 $i=2, 4, 5, 6$ 时, q 分别为 7, 79, 241, 727, 均为素数, 故而 $n = 21, 2133, 19621, 176661$ 为 2 阶超完美数.

2020 年秋天, 作者定义了下列两类莫比乌斯完美数. 首先, 考虑

$$\sum_{d|n, d<n} d(1 + \mu(d)) = n$$

经杨鹏检验, 在 $n \leqslant 10^7$ 范围内, 只有 1, 42 和 460 三个第一类莫比乌斯完美数. 而若考虑

$$\sum_{d|n, d<n} d(1 - \mu(d)) = n + 2$$

容易推出, 若 α 和 $2^\alpha - 1$ 均为素数 (后者是梅森素数), $n = 2^\alpha(2^\alpha - 1)$ 必是上述方程的解. 换言之, 偶完美数的 2 倍必然是第二类莫比乌斯完美数. 而对于其他 n, 在 $n \leqslant 10^7$ 范围内, 只有 765 和 1450 两个解, 其中 $1450 = 2\times5^2\times29$. 我们可以证明, 1450 是唯一形如 $2p^2q$ 的莫比乌斯完美数. 沈忠燕证明了, 两个不同素因子的 n 是第二类莫比乌斯完美数, 当且仅当它是偶完美数的 2 倍. 我们想知道, 除了 765, 是否还有别的奇第二类莫比乌斯完美数?

2.12 S-完美数

2020 年秋天, 在数论讨论班上, 美国留学生泰勒 (Tyler Ross) 给出了如下定义, 并做了一番研究.

定义 2.1 假设 $\mathfrak{s}$ 是一个整数集合, $n > 1$ 有真因子

$$1 = d_0 < d_1 < \cdots < d_M < n.$$

如果存在 $\lambda_1, \cdots, \lambda_M \in \mathfrak{s}$ 使得

$$1 + \sum_{m=1}^{M} \lambda_m d_m = n.$$

我们将 n 称为第一类 $\mathfrak{s}$-完美数. 如果存在 $\lambda_0, \cdots, \lambda_M \in \mathfrak{s}$ 使得

$$\lambda_0 + \sum_{m=1}^{M} \lambda_m d_m = n.$$

我们将 n 称为第二类 $\mathfrak{s}$-完美数.

例 2.1 第一类 $\{1\}$-完美数即完美数. 第二类 $\{1, 0\}$-完美数即半完美数. 第一类 $\{k\}$-完美数 $(k \geqslant 1)$ 即 k 阶超完美数.

例 2.2 若 $\mathfrak{s} = \{-1, 1\}$, 前 15 项 $\mathfrak{s}$-完美数是

$$6, 12, 24, 28, 30, 40, 42, 48, 54, 56, 60, 66, 70, 78, 80, \cdots,$$

最小的奇 $\{1, -1\}$-完美数是 945, 这也是最小的奇盈数 (参见 2.5 节).

例 2.3 上节的两类莫比乌斯完美数均属于 $\{0, 1, 2\}$-完美数.

以下结论表明, 对于大多数 $n > 1$, 很容易找到 $\mathfrak{s}$, 使得 n 是 $\mathfrak{s}$-完美数. 因此, 我们的讨论主要集中在确定给定 $\mathfrak{s}$ 的 $\mathfrak{s}$-完美数和相关属性上.

定理 2.2 若 n 不是素数或素数幂, 则存在一个有限整数集 $\mathfrak{s}$, 其个数不超过中 $\tau(n) - 2$ 使得 n 是 $\mathfrak{s}$-完美数, 其中 τ 是因子个数函数 $\tau(n) = \sum_{d|n} 1$. 若对于某个素数 $p, k \geqslant 1, n = p^k$, 则 n 对任何 $\mathfrak{s}$ 都不是 $\mathfrak{s}$-完美数.

证　若 n 不是素数或素数幂, n 有真因子

$$1 = d_0 < d_1 < \cdots < d_M < n,$$

则 $\gcd(d_1, \cdots, d_M) = 1$. 由此可见, 线性丢番图方程

$$\sum_{m=1}^{M} d_m x_m = n - 1$$

有解. 第二部分结论是显而易见的.

定义 2.2　当 n 是对于某个 $\mathfrak{s}$ 的 $\mathfrak{s}$-完美数, 我们将和

$$1 + \sum_{m=1}^{M} \lambda_m d_m = n$$

称为 n 的一个 $\mathfrak{s}$-表示, 或者当 $\mathfrak{s}$ 固定时简称为 n 的一个表示. 假设 n 是 $\mathfrak{s}$-完美数. 如果存在一个 n 的 $\mathfrak{s}$-表示 $n = 1 + \sum_{m=1}^{M} \lambda_m d_m$ 使得每一个 $\lambda \in \mathfrak{s}$ 在 $\lambda_1, \cdots, \lambda_M$ 中至少发生一次, 我们将 n 称为真 $\mathfrak{s}$-完美数. 如果不存在一个真子集 $\mathcal{T} \subset \mathcal{S}$ 使得 n 是 $\mathcal{T}$-完美数, 我们将 n 称为严格 $\mathfrak{s}$-完美数. 显然, 如果 n 是严格 $\mathfrak{s}$-完美数, 则 n 也是真 $\mathfrak{s}$-完美数. 但是, 逆命题未必成立.

$$24 = 1 + 0 \cdot 2 - 3 + 0 \cdot 4 + 6 + 8 + 12$$
$$= 1 + 2 + 3 + 4 - 6 + 8 + 12$$
$$= 1 + 2 + 3 + 4 + 6 + 8 + 0 \cdot 12$$
$$\vdots$$

是真 $\{1, 0, -1\}$-完美数, 而非严格 $\{1, 0, -1\}$-完美数; 24 是严格 $\{1, 0\}$-完美的和严格 $\{1, -1\}$-完美的.

又如, 405 作为 $\{1, 2\}$-完美数, 它有两个表示, 即

$$405 = 1 + 2 \cdot 3 + 5 + 9 + 15 + 27 + 45 + 2 \cdot 81 + 135$$
$$= 1 + 2 \cdot 3 + 5 + 2 \cdot 9 + 15 + 2 \cdot 27 + 2 \cdot 45 + 81 + 135.$$

下面我们研究 $\{1, -1\}$-完美数. 符号 τ 和 σ 始终表示熟悉的除数函数和除数和函数, 若 n 满足 $\sigma(n) > 2n$, 则 n 称为盈数. 不难发现, 每个 $\{1, -1\}$-完美数要

么是完美数要么是盈数. 最小的非 $\{1, -1\}$-完美数的盈数为 18. 下列定理部分描述了偶 $\{1, -1\}$-完美数.

定理 2.3 假设 $p_1, \cdots, p_M$ 是不同的奇素数且 $k_1, \cdots, k_M$ 是正整数, 则除了有限多个 $k \geqslant 1$ 以外, $n = 2^k p_1^{2k_1-1} \cdots p_M^{2k_M-1}$ 是 $\{1, -1\}$ 完美数. 若 $p_1, \cdots, p_M$ 是不同的奇素数, $k \geqslant 0, k_1, \cdots, k_M \geqslant 1, n = 2^k p_1^{k_1} \cdots p_M^{k_M}$ 是 $\{1, -1\}$-完美数, 则至少有一个 $k_1, \cdots, k_M$ 是奇数.

为证明定理 2.3, 我们需要下列引理.

引理 2.2 若 $n \equiv 3 \pmod 4$, 则存在整数 $k \geqslant 1$ 和 $\lambda_1, \cdots, \lambda_k \in \{1, -1\}$ 使得 $n = 1 + \sum\limits_{j=1}^{k} \lambda_j 2^j$.

证 为方便起见, 我们假设 $n > 0$, 在 $n = 4m - 1$ 的 m 上进行归纳. 若 $m = 1$ 或 2, 我们有 $3 = 1 + 2, 7 = 1 + 2 + 2^2$. 设 $m \geqslant 2, 4m - 1 = 1 + \sum\limits_{j=1}^{k} \lambda_j 2^j$. 如果 $\lambda_1 = \cdots = \lambda_k = 1$, 则

$$4(m+1) - 1 = 1 - \sum_{j=1}^{k-1} 2^j + 2^k + 2^{k+1}.$$

不然, 设 λ_{j_0} 是第一个负值. 如果 $j_0 = 1$, 则

$$4(m+1) - 1 = 1 + 2 + \sum_{j=2}^{k} \lambda_j 2^j,$$

而如果 $1 < j_0 < k$, 则

$$4(m+1) - 1 = 1 - \sum_{j=1}^{j_0-1} 2^j + 2^{j_0} + \sum_{j=j_0+1}^{k} \lambda_j 2^j.$$

备注 2.1 引理 2.2 中 k 的选择并不唯一. 但是从证明中容易看出, 对于给定的正 $n \equiv 3 \pmod 4$, 最小的 k 为 $k = \lfloor \log_2 n \rfloor$.

引理 2.3 假设 $-1 \in \mathfrak{s}, n > 1$, 素数 p 不整除 n, 则有

(1) 如果 n 是 $\mathfrak{s}$-完美数, 则 np 也是 $\mathfrak{s}$-完美数;

(2) 若 np 和 np^k 对某个 $k \geqslant 1$ 是 $\mathfrak{s}$-完美数, 则 np^{k+2} 也是 $\mathfrak{s}$-完美数.

证 (1) 若 $n = \sum$ 是个 n 的 $\mathfrak{s}$-表示, 则 $np = \sum -n + p\sum$ 是 np 的 $\mathfrak{s}$-表示. 类似地, 若 $np = \sum\limits_1$ 和 $np^k = \sum\limits_2$ 是 np 和 np^k 的 $\mathfrak{s}$-表示, 则 $np^{k+2} =$

$\sum_2 -np^k + p^{k+1} \sum_1$ 是 np^{k+2} 的 $\mathfrak{s}$-表示.

推论 2.1 如果 $-1 \in \mathfrak{s}$, 那么或者没有 $\mathfrak{s}$-完美数, 或者有无穷多个.

备注 2.2 因为 $6 = 1 + 2 + 3$,

$$945 = 1 - 3 - 5 - 7 + 9 + 15 + 21 + 27 + 35 + 45 + 63 + 105 + 135 + 189 + 315$$

是 $\{1, -1\}$-完美数, 故存在无穷多个偶 $\{1, -1\}$-完美数和无穷多个奇 $\{1, -1\}$-完美数. 由于引理 2.2 生成的 $\{1, -1\}$-完美数都是真 $\{1, -1\}$-完美数, 因此随之而来的是, 存在无穷多个偶和奇的真 $\{1, -1\}$-完美数.

引理 2.4 如果 n 是 $\{1, -1\}$-完美数, 则 $2n$ 也是 $\{1, -1\}$-完美数.

证 如果 n 为奇数, 则由引理 2.3, 可得引理 2.4. 如果 n 是偶数, 设 $n = 1 + \sum_{m=1}^{M} \lambda_m d_m$, 则 $2n = 1 + \sum_{m=1}^{M} \lambda_m d_m + n$. 从该和中减去的 $2n$ 的真因子都有 $2d_m$ 的形式, 其中 d_m 整除 $n, 1 < d_m < n$. 用 $-\lambda_m d_m + \lambda_m (2d_m)$ 替换总和中的所有此类 $\lambda_m d_m$, 即获得 $2n$ 的一个表示.

定理 2.3 的证明 由引理 2.3 和引理 2.4, 只需证明对任意奇素数 p, 存在 $k \geqslant 1$, 使得 $n = 2^k p$ 是 $\{1, -1\}$-完美数. 在引理 2.2 中取 $k_0 \geqslant 1$, $\lambda_1, \cdots, \lambda_{k_0}$ 使得

$$1 + \sum_{j=1}^{k_0} \lambda_j 2^j = \begin{cases} p, & p \equiv 3 (\mathrm{mod}\, 4), \\ 3p, & p \equiv 1 (\mathrm{mod}\, 4), \end{cases}$$

则

$$2^{k_0} p = 1 + \sum_{j=1}^{k_0} \lambda_j 2^j + (-1)^{(p+1)/2} p + \sum_{j=1}^{k_0-1} 2^j p$$

是 $2^{k_0} p$ 的一个表示.

第二部分结论来自以下简单观察: 若 $n > 1$ 是 $\{1, -1\}$-完美数, $n = 1 + \sum_{m=1}^{M} \lambda_m d_m$ 是 n 的表示, 则

$$\sigma(n) = \sum_{m=1}^{M} (1 - \lambda_m) d_m + 2n$$

是偶数, 且 $1 - \lambda_m = 0$ 或 2. 另一方面, $\sigma(n)$ 是偶数当且仅当 n 不是平方数或平方数的两倍. 定理 2.3 得证.

备注 2.3 定理 2.3 不能完全确定每个偶 $\{1, -1\}$-完美数. 最小的奇盈数 945 也是 $\{1, -1\}$-完美数, 我们检查了后续许多奇盈数也一样. 是否有非 $\{1, -1\}$-完美数的奇盈数? 另外, 无法被 3 整除的最小奇盈数是 5391411025, 但我们尚未确认 5391411025 是否为 $\{1, -1\}$-完美数.

2.13　黄金分割比猜想

2017 年 9 月 30 日, 作者在新浪微博上发布了这样的帖子:

> 一个小发现, 雅典巴特农神庙是古典美的典范, 其东西两侧的高和宽分别是 19 米和 31 米, 两数之比约 0.613······接近于黄金分割比 0.618······近日偶然观察到, 肇始于毕达哥拉斯学派的完美数, 历经 2500 年找到 49 个, 其中以 6 结尾的完美数 30 个, 以 8 结尾的 19 个. 个人预测, 第 50 个完美数会以 6 结尾. 进一步, 假如偶完美数个数有无穷多个, 那么以 8 结尾的与以 6 结尾的数目之比有可能趋向于黄金分割比.

此前几天作者兴致勃发, 查找了偶完美数表, 数了数以 6 结尾的完美数个数和以 8 结尾的完美数, 觉得眼熟, 随后去查了雅典巴特农神庙侧墙的长宽数据, 才有如此惊艳的发现和猜测. 事实上, 如同 2.1 节性质 2.4 的证明所示, 当素数 $p = 2$ 或模 4 余 1 时, 它对应的完美数以 6 结尾, 而当 p 模 4 余 3 时, 它对应的完美数以 8 结尾.

图 2.14　雅典巴特农神庙

当时作者猜测, 第 50 个梅森素数和完美数会在五年内被发现. 没想到的是, 仅仅三个月以后, 即 2017 年 12 月 27 日, 便被人找到了. 新的梅森素数对应于素数 $p = 77232917$, 它对应的完美数果然是以 6 结尾的. 于是, 作者大胆地提出了以下猜想:

猜想 2.1　存在无穷多个偶完美数, 并且它们中以 8 结尾的个数与以 6 结尾的个数比值趋向黄金分割比.

显而易见, 我们对 "完美数有无穷多个" 这一信念来自于无理数的黄金分割比. 有意思的是, 完美数和黄金分割比的概念很可能都来自于毕达哥拉斯或其学派, 但他或他们却不知这两者之间可能存在着某种关联性.

值得一提的是, 一年以后, 第 51 个完美数也被找到了, 它依然以 6 结尾. 考虑到第一个完美数 6 对应的是偶素数 2 这个例外, 那么到第 51 个完美数为止, 它们所对应的素数中, 模 4 余 1 且对应于梅森素数的素数个数与模 4 余 3 且对应于梅森素数的素数个数仍然分别是 19 和 31.

如果用公式来表示, 则前述猜想可以描述为

$$\sum_{\substack{p\leqslant x \\ p\equiv 1(\bmod 4) \\ 2^p-1是素数}} 1 \sim 0.618\cdots \sum_{\substack{p\leqslant x \\ p\equiv 3(\bmod 4) \\ 2^p-1是素数}} 1,$$

之所以有上述现象, 是因为算术级数上素变数情形下的素数分布并不均匀. 例如, 我们考虑 $4p+1$ 形的素数与 $4p+3$ 形的素数分布的差异, 计算机的结果支持以下有趣的现象：$4p+1$ 形的素数只有 $4p+3$ 形的素数的一半, 即

$$\sum_{\substack{p\leqslant x \\ 4p+1是素数}} 1 \sim \frac{1}{2} \sum_{\substack{p\leqslant x \\ 4p+3是素数}} 1, \tag{2.6}$$

而由著名的狄里克莱定理, 等差数列上的素数个数应是一样多的. 即若 $(k,l)=1, 1\leqslant l \leqslant k$, 恒有

$$\sum_{\substack{n\leqslant x \\ kp+l是素数}} 1 \sim \frac{x}{\varphi(k)\ln x}.$$

可是, 当 n 只取素数时, 情况有所不同. 除了 (2.6), 我们还有以下猜测

$$\sum_{\substack{p\leqslant x \\ p+2是素数}} 1 \sim \sum_{\substack{p\leqslant x \\ p+4是素数}} 1 \sim \frac{1}{2} \sum_{\substack{p\leqslant x \\ p+6是素数}} 1,$$

$$\sum_{\substack{p\leqslant x \\ 6p+1是素数}} 1 \sim \frac{3}{4} \sum_{\substack{p\leqslant x \\ 6p+5是素数}} 1,$$

$$\sum_{\substack{p\leqslant x \\ 8p+1是素数}} 1 \sim \frac{1}{2} \sum_{\substack{p\leqslant x \\ 8p+3是素数}} 1 \sim \frac{2}{3} \sum_{\substack{p\leqslant x \\ 8p+5是素数}} 1 \sim \frac{5}{6} \sum_{\substack{p\leqslant x \\ 8p+7是素数}} 1.$$

著名的哈代-李特伍德猜想说的是

$$\sum_{\substack{p \leqslant x \\ p+2 \text{是素数}}} 1 \sim 2C \frac{x}{(\ln x)^2},$$

这里

$$C = \prod_{p>2} \frac{p(p-2)}{(p-1)^2} \approx 0.660161.$$

1962 年, Bateman 和 Horn 提出了更一般的猜想, 设 $f_1, \cdots, f_m$ 是整系数不可约多项式, $f(n) = f_1(n) \cdots f_m(n)$, 则

$$\sum_{\substack{n \leqslant x \\ f_i(n) \text{均是素数}}} 1 \sim \frac{C}{D} \frac{x}{(\ln x)^{m+1}}, \tag{2.7}$$

这里 D 表示 $f_i(n)$ 的阶的乘积, C 为常数

$$C = \prod_{p} \frac{1 - N(p)/p}{(1 - 1/p)^m},$$

其中 $N(p)$ 是同余方程 $f(n) \equiv 0 (\mathrm{mod}\, p)$ 的解数, 满足 $N(p) < p$ 对于所有的素数 p.

由 (2.7) 可得, 若 $(k, l) = 1, 1 \leqslant l \leqslant k$, 恒有

$$\sum_{\substack{p \leqslant x \\ kp+1 \text{是素数}}} 1 \sim \prod_{p|l, p>2} \frac{p-2}{p-1} \sum_{\substack{p \leqslant x \\ kp+1 \text{是素数}}} 1,$$

由此及 (2.7), 我们有

$$\sum_{\substack{p \leqslant x \\ kp+1 \text{是素数}}} 1 \sim 2 \prod_{p|kl, p>2} \frac{p-2}{p-1} \prod_{p>2} \frac{p(p-2)}{(p-1)^2} \frac{x}{(\ln x)^{m+1}}.$$

第 3 章　斐波那契序列

可以推想, 所有我们掌握的希腊以外的数学知识, 都是因为斐波那契的出现而获得的.

——(意大利) 吉罗拉莫·卡尔达诺

3.1　比萨的莱奥纳多

12 世纪后半叶, 一直处于中世纪的黑暗中的欧洲终于出现了一位重要的数学家, 那就是比萨人斐波那契 (Fibonacci, 约 1170—1250). 他的本名叫莱奥纳多·皮萨罗 (Leonardo Pisano), 意思是比萨的莱奥纳多. 比萨现在是意大利的一座城市, 但在斐波那契时代, 还没有意大利这个国家, 那时比萨就是一个共和国.

图 3.1　比萨斜塔

图 3.2　斐波那契像

比萨如今以斜塔和白色的大教堂著称于世, 相传物理学家伽利略 (Galileo Galilei, 1564—1642) 在斜塔上面做过自由落体实验. 这则故事似真似假, 帮助比萨吸引了来自世界各国的无数游客. 在中世纪, 比萨共和国军事力量强大, 贸易和经济发达, 与同处西海岸的热那亚、阿玛尔菲 (那不勒斯附近) 以及亚得里亚海滨的威尼斯组成了亚平宁半岛最繁盛的四个海上共和国.

莱奥纳多出生时, 比萨已建成宏伟的大教堂, 1173 年, 即莱奥纳多三岁前后, 又开始在大教堂旁边建造比萨斜塔, 后一项工程耗时两个世纪才完成, 因此莱奥纳多没有见到它的落成. 莱奥纳多的父亲波那契是比萨共和国的公务员, 他跟着父亲去了地中海沿岸的许多地方, 包括今天阿尔及利亚的港市贝贾亚.

据称莱奥纳多成年后担任过比萨驻贝贾亚的领事, 他从包括古希腊数学家丢番图、阿拉伯数学家花拉子米的著作里学到不少东西. Fibonacci 是 Filius Bonacci 的简写, 意思是 "波那契之子", 就像英国人管约翰的儿子叫约翰森一样. 而斐波那契这一称谓是在 1838 年, 才由一位意大利出生的法国数学史家利布里 (Guglielmo Libri, 1803—1869) 命名的.

12 世纪末, 斐波那契回到了比萨, 在那里度过了四分之一个世纪. 他在故乡著书立说, 引进了印度–阿拉伯数码 (这是今天全世界数字书写体系得以统一的关键一步) 和计算方法, 阐述了许多几何和代数问题, 并把它们应用于商业活动的诸多领域. 他取得的最重要的数学成果是在不定分析和数论方面, 可以说远远超出了稍早或同时代的欧洲人.

大约在 1225 年, 斐波那契受到神圣罗马帝国皇帝腓特烈二世的召见和邀请, 成为宫廷数学家. 说到这位皇帝, 他的一生十分传奇. 薄伽丘《名女传》里记载了他的生母——西西里王国公主康斯坦丝的故事, 有预言称她的婚姻将毁灭西西里, 故而父王迫使她呆在修道院里, 直到 34 岁才嫁给亨利六世. 40 岁那年她终于怀孕, 生腓特烈时恰好路过一座小镇, 她令随从搭起帐篷, 让全镇妇女来看, 确保孩子的血统和继承权.

腓特烈在位期间, 大力发展西西里的工商业, 用武力征服了意大利北部, 也曾指引十字军和平占领圣城耶路撒冷. 与此同时, 这位皇帝掌握了德语、法语、拉丁语、希腊语、希伯来语和阿拉伯语, 还创办了那不勒斯大学 (1224) 和一所诗歌学校, 并写过一篇关于猎鹰术的论文《猎鸟的艺术》和一部诗集, 其中有许多是献给嫔妃的爱情诗. 他还重视自然科学和实验, 这或许是他的宫廷需要宫廷数学家的原因. 不过, 斐波那契留存下来的主要著作, 似乎都是在比萨时期完成的.

在名著《算盘书》(Liber Abaci, 1202) 里, 斐波那契提到了中国数学家张丘建的 "百鸡问题" 和秦九韶定理 (中国剩余定理) 的孙子特例. 这里的 "算盘" 是指用来计算的沙盘, 而非中国的算盘. 斐波那契在书中引进了分数中间那道横线 "—", 沿用至今. 他还列举了一些同余问题, 更有趣的是, 书中谈到了所谓的兔子问题 (或许古代印度人更早地描述过此序列, 正如他们可能比中国人更早使用了算盘).

除了《算盘书》, 斐波那契还出版过《实用几何》、《花朵》、《给帝国哲学家狄奥多鲁斯的一封未注明日期的信》和《平方数书》, 每一部名字都十分有趣. 这其中,《平方数书》独创性较强. 这是一本有关不定方程的著作, 主要讨论以下二次方程的整数解和有理数解

$$x^2 \pm 5 = y^2.$$

例如, 他求得上述方程左边取减号时的一组解 $\left(\dfrac{41}{12}, \dfrac{31}{12} \right)$.

斐波那契还证明了 $x^2 + y^2$ 和 $x^2 - y^2$ 不能同时为平方数, 这意味着方程

$$x^4 - y^4 = z^2$$

无非零整数解. 否则的话, 后者也会有 x 和 y 互素的非零整数解, 从而 $x^2 + y^2$ 和 $x^2 - y^2$ 可以同时为平方数.

《给帝国哲学家狄奥多鲁斯的一封未注明日期的信》* 谈到了 "百鸡问题", 也介绍了一个几何问题: 求作内接于等腰三角形的正五边形. 这在今天看来仍不算是初等的, 斐波那契利用二次方程的求解方法给出答案, 这是代数方法应用于几何的早期例子. 更早些时候, 波斯数学家兼诗人欧玛尔·海亚姆 (1048—1122) 曾把几何方法应用于代数问题中. 确切地说, 他把一类三次方程分解为一个圆和一条抛物线的两个二次方程的联立. 信的最后是一个五次方程的求解, 斐波那契给出了一个求解公式.

---

* 6 世纪有位希腊历史学家叫狄奥多鲁斯 (Theodorus), 此书所说的帝国哲学家是谁不详.

值得一提的是, 由于那时候代数尚没有符号化, 斐波那契是用几何的语言来叙述的. 例如,《平方数书》里有讲到不定方程 $4x - x^2 = 3$, 他是这样表述的: 如果从正方形的四边减去它的面积, 则得 3 竿. 他的著作所用的数制是 60 进制, 这一点显然受到了阿拉伯人的影响.

正是因为这几本书的出版, 加上斐波那契序列的发现, 使得斐波那契成为古希腊的丢番图与 17 世纪的费尔马之间最杰出的数学家. 16 世纪的意大利数学家卡尔达诺 (G. Cardano, 1501—1576) 曾经说过, "我们可以假定, 所有我们掌握的希腊以外的数学知识都是由于斐波那契的出现而得到的. "

3.2 兔 子 问 题

现在我们来介绍斐波那契的 "兔子问题". 在《算盘书》中, 斐波那契是这样陈述这个问题的: 假定 (理想状态下) 每对成年兔子每月能生产一对 (一雌一雄) 兔子, 且小兔出生一个月即可交配, 再过一个月便能生育, 且每月一次, 每次分娩一对 (一雌一雄) 兔子; 那么, 由一对小兔开始, 一年后能繁殖成多少对兔子?

显而易见, 第一个月和第二个月都只有 1 对兔子, 第三个月有 2 对兔子 (1 对老兔子和 1 对新兔子), 第 4 个月有 3 对兔子 (2 对老兔子和 1 对新兔子), 第 5 个月有 5 对兔子 (3 对老兔子和 2 对新兔子)······

图 3.3 兔子的故事

斐波那契肯定没有料想到, 800 多年后的今天, 他的 "兔子问题" 仍吸引着世界各国成千上万个数学家. 如果说, 与斐波那契几乎同时代的中国南宋数学家秦九韶 (1202—1261) 给出的中国剩余定理提供了一个完美的结论和有效的计算方法, 那么斐波那契序列则源源不断地赋予我们灵感和喜悦. 显而易见, 这个兔子序列的前 12 项是

$$1, 1, 2, 3, 5, 8, 13, 21, 34, 55, 89, 144.$$

设 F_n 表示第 n 个月的兔子对数, 它被称为斐波那契序列 (Fibonacci sequence) 或斐波那契数 (Fibonacci number) 的第 n 项, 这个序列满足

$$F_0 = 0, \quad F_1 = 1, \quad F_n = F_{n-2} + F_{n-1} \quad (n \geqslant 2).$$

值得一提的是, 早在公元前 2 世纪, 印度的梵文史诗里, 便蕴含了斐波那契数. 在史诗中长音节由两个时间单位构成, 而短音节由一个时间单位构成, 给出一定长度单位的时间, 计算这两种音节可能的组合数, 这正是整数分拆的特殊情形, 即要求每个部分只能取 1 或 2, 且允许重复, 顺序有别. 那是斐波那契数的一种表示, 例如, 当 $n = 5$ 时,

$$1+1+1+1+1 = 1+1+1+2 = 1+1+2+1 = 1+2+1+1$$
$$= 2+1+1+1 = 2+2+1 = 2+1+2 = 1+2+2,$$

共有 8 种, 满足 $F_6 = 8$.

也就是说, F_{n+1} 等于把正整数 n 分成 1 和 2 的分拆数.

我们可以用爬楼梯的方式来给出证明, 这与诗歌的音节选择是一模一样的. 设想一个人爬楼梯, 可以一步一个台阶或两个台阶, 则登上 n 个台阶有几种方式?

设登上 n 个台阶的方式共有 a_n 种, 显然 $a_1 = 1, a_2 = 2$. 下设 $n \geqslant 3$, 若第 1 步登上了一个台阶, 则之后登完 n 阶的方式有 a_{n-1} 种; 而若第一步登上了 2 个台阶, 则之后登完 n 阶的方式有 a_{n-2} 种. 于是, $a_n = a_{n-1} + a_{n-2}$, 这正是去掉第一项以后的斐波那契序列, 即

$$1, 2, 3, 5, 8, \cdots, a_n(= F_{n+1}), \cdots.$$

在印度, 斐波那契序列的清晰表达首次出现在 7 世纪韵律学家、数学家维拉安卡 (Virahanka) 的著作里, 虽然他的著作已经失传, 却被 1135 年前后哥帕拉 (Gopala) 的著作引用, 那时斐波那契仍然没有出生. 哥帕拉明确提到了这个序列的递推法则, 即前后两项相加等于第 3 项, 并枚举到了第 8 项.

后来, 随着科学技术的进一步发展, 人们逐渐发现, 斐波那契序列在现代物理、化学、准晶体结构等领域都有直接应用. 为此, 1963 年成立了国际斐波那契协会,

这是由美国加利福尼亚的两位数学家发起的, 同年开始出版《斐波那契季刊》(*The Fibonacci Quarterly*), 专门刊登这方面的研究成果. 从 1984 年开始, 又两年一度以斐波那契协会的名义在世界各地轮流举办斐波那契序列国际会议, 并另行出版会刊.

在自然界中, 斐波那契序列也有意想不到的呈现. 以植物界为例, 许多花朵的花瓣个数恰好是斐波那契数, 例如, 梅花 5 瓣、飞燕草 8 瓣、万寿菊 13 瓣、紫苑 21 瓣, 而雏菊 34 瓣、55 瓣或 89 瓣的都有. 此外, 斐波那契序列也出现在螺纹的生长、向日葵的花盘和蜻蜓的翅膀中.

在生物学中, 有个著名的 "鲁德维格定律", 那正是斐波那契序列在树枝生长中的体现. 原来, 新长的枝条也需要一段 "休息" 时间, 尔后才能萌发新枝. 只不过这 "一段" 时间, 可能是一年, 也可能是数年. 假如是一年, 那么, 一棵树各个年份的枝丫数, 在理论上便构成斐波那契序列. 有意思的是, 在股市中, 也存在相应的鲁德维格定律.

斐波那契序列的命名, 则要等到 19 世纪下半叶, 才由法国数学家卢卡斯给出.

如果把斐波那契序列向左边延伸并保持加法的递推公式, 则有

$$\cdots, 5, -3, 2, -1, 1, 0, 1, 1, 2, 3, 5, \cdots.$$

一般地, 我们有

$$F_{-n} = (-1)^{n-1} F_n.$$

在帕斯卡尔三角 (贾宪–杨辉三角) 里, 如果把每条平行的斜线数据依次加起来, 刚好等于斐波那契数, 如下为卢卡斯公式 (1876)

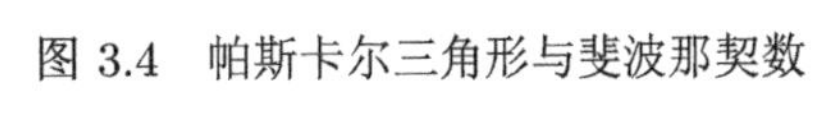

图 3.4　帕斯卡尔三角形与斐波那契数

$$F_{n+1} = \sum_{k=0}^{\left[\frac{n}{2}\right]} \binom{n-k}{k}. \tag{3.1}$$

我们可以利用归纳法和下列二项式系数的递推公式

$$\binom{n}{k} + \binom{n}{k+1} = \binom{n+1}{k+1}$$

证明 (3.1).

现在, 我们用组合方法给出证明.

证　已知 $\begin{pmatrix} n-k \\ k \end{pmatrix}$ 表示在平面格点中从点 $(0,0)$ 到点 $(k, n-k)$ 的路径数, 假如只能以 $(0,1)$ 或 $(1,1)$ 两种步态的话. 不难得知, 共需要 $n-k$ 步, 其中有 k 步是用步态 $(1,1)$. 现在, 我们用步态 $(0,2)$ 替代 $(1,1)$, 考虑到 $k+(n-k)=n$, 那么原来的每次路径总数等价于用 $(0,1)$ 和 $(0,2)$ 两种步态从 $(0,0)$ 到达 $(0,n)$. 让 k 从 0 取到 $\left[\dfrac{n}{2}\right]$ 累计, 则上述等式右边的求和相当于用 $(0,1)$ 和 $(0,2)$ 两种步态从 $(0,0)$ 到达 $(0,n)$ 的路径数, 即 F_{n+1}.

值得观察的是, 如果把帕斯卡尔三角的斜线再倾斜, 然后依次把同一斜线上的数加起来, 即

$$\sum_{k=0}^{\left[\frac{n}{3}\right]} \begin{pmatrix} n-2k \\ k \end{pmatrix}.$$

令 n 取遍自然数集合, 则可以得到新的序列

$$0, 1, 1, 1, 2, 3, 4, 6, 9, 13, 19, 28, 41, 60, 88, \cdots.$$

这也被称为 Narayana 奶牛序列, Narayana Pandita 是 14 世纪的印度数学家.

若记这个序列为 G_n, 则有

$$G_0 = 0, \quad G_1 = G_2 = G_3 = 1, \quad G_n = G_{n-1} + G_{n-3} \quad (n \geqslant 3),$$

$$G_{n+1} = \sum_{k=0}^{\left[\frac{n}{3}\right]} \begin{pmatrix} n-2k \\ k \end{pmatrix}.$$

G_{n+1} 等于把正整数 n 分成 1 和 3 的分拆数. 例如, $n=5$, $G_6 = 4$, $5 = 1+1+1+1+1 = 1+1+3 = 1+3+1 = 3+1+1$.

G_{n+2} 也等于把 n 分成 1 和 2 的和, 同时要求不能有连续的 2. 例如, $G_7 = 6$, $5 = 1+1+1+1+1 = 1+1+1+2 = 1+1+2+1 = 1+2+1+1 = 2+1+1+1 = 2+1+1+2$.

值得一提的是, G_n 负数项的取值看起来不像斐波那契数或卢卡斯数那样有规律. 例如, 从 -10 到 -1 项的值依次为 $-2, 3, 0, -2, 1, 1, -1, 0, 1, 0$.

3.3　通项和极限

还有许多有意思的例子. 下面我们考虑斐波那契序列的性质, 包括整除和同余方面的结论. 首先, 利用递推公式及归纳法 (对 m 或 n), 可以得到下列加法公式

$$F_{n+m} = F_m F_{n+1} + F_{m-1} F_n. \tag{3.2}$$

由上式不难证明

$$若 \ n|m, \quad 则 \ F_n|F_m.$$

因此, 除了 $n = 4$ (此时 $F_2 = 1, F_4 = 3$) 以外, 对于其余的合数 n, F_n 均为合数. 可是, 反过来的结论并不成立, 例如, 19 是素数, 而 $F_{19} = 4181 = 37 \times 113$; 53 是素数, 而 $F_{53} = 953 \times 55945741$.

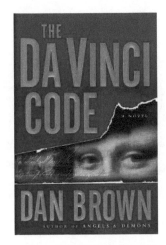

图 3.5　《达·芬奇的密码》第一版（2003）

图 3.6　英国数学家棣莫弗

1718 年, 法国出生的英国数学家、概率论的首席定理——中心极限定理的提出者棣莫弗 (Abraham de Moivre, 1667—1754) 发现了

$$F_n = \frac{1}{\sqrt{5}} \left\{ \left(\frac{1+\sqrt{5}}{2} \right)^n - \left(\frac{1-\sqrt{5}}{2} \right)^n \right\}.$$

F_n 的这个通项表达式被称为棣莫弗公式. 可对 n 用归纳法证明, 事实上, 当 $n = 0, 1$ 时显然成立, 假设 $k \leqslant n$ 时成立, 则

$$F_{n+1} = F_n + F_{n-1}$$
$$= \frac{1}{\sqrt{5}} \left\{ \left(\frac{1+\sqrt{5}}{2} \right)^n - \left(\frac{1-\sqrt{5}}{2} \right)^n + \left(\frac{1+\sqrt{5}}{2} \right)^{n-1} - \left(\frac{1-\sqrt{5}}{2} \right)^{n-1} \right\}$$
$$= \frac{1}{\sqrt{5}} \left\{ \frac{3+\sqrt{5}}{2} \left(\frac{1+\sqrt{5}}{2} \right)^{n-1} - \frac{3-\sqrt{5}}{2} \left(\frac{1-\sqrt{5}}{2} \right)^{n-1} \right\}$$
$$= \frac{1}{\sqrt{5}} \left\{ \left(\frac{1+\sqrt{5}}{2} \right)^{n+1} - \left(\frac{1-\sqrt{5}}{2} \right)^{n+1} \right\}.$$

于是棣莫弗公式对任何非负整数均成立. 对于 n 为负数的情形, 由上式和上节 F_{-n} 的定义, 可得

$$F_{-n} = (-1)^{n-1} F_n$$
$$= \frac{(-1)^{n-1}}{\sqrt{5}} \left\{ \left(\frac{1+\sqrt{5}}{2} \right)^n - \left(\frac{1-\sqrt{5}}{2} \right)^n \right\}$$
$$= \frac{1}{\sqrt{5}} \left\{ \left(\frac{1+\sqrt{5}}{2} \right)^{-n} - \left(\frac{1-\sqrt{5}}{2} \right)^{-n} \right\}.$$

1728 年, 瑞士数学家尼古拉斯·贝努利 (Nicolas Bernoulli, 1687—1759) 又用微分方程的生成函数方法证明了棣莫弗公式. 下面我们来给出他的证明,

令

$$F(x) = \sum_{n=0}^{\infty} F_n x^n, \tag{3.3}$$

易知

$$xF(x) + x^2 F(x) = F(x) - x,$$

故而 (证明另可参见 4.7 节),

$$F(x) = \frac{x}{1 - x - x^2}.$$

再令

$$1 - x - x^2 = (1 - \alpha x)(1 - \beta x),$$

这里 $\dfrac{1}{\alpha}$ 和 $\dfrac{1}{\beta}$ 是方程 $1 - x - x^2 = 0$ 的两个根, 即 $\dfrac{1 \pm \sqrt{5}}{2}$.

设

$$\frac{x}{1 - x - x^2} = \frac{A}{1 - \alpha x} + \frac{B}{1 - \beta x},$$

其中 A 和 B 满足 $A + B = 0, A\beta + B\alpha = -1$.

由此可得 $A = \dfrac{1}{\alpha - \beta}, B = -\dfrac{1}{\alpha - \beta}$. 因此,

$$F(x) = \frac{1}{\alpha - \beta} \left(\frac{1}{1 - \alpha x} - \frac{1}{1 - \beta x} \right) = \sum_{n=0}^{\infty} \frac{\alpha^n - \beta^n}{\alpha - \beta} x^n. \tag{3.4}$$

比较 (3.3) 和 (3.4), 即得棣莫弗公式.

利用棣莫弗公式, 可得

$$\frac{F_{n+1}}{F_n} = \frac{\alpha}{1 - \left(\dfrac{a}{\beta} \right)^n} - \frac{\beta}{\left(\dfrac{\beta}{\alpha} \right)^n - 1},$$

这里, $\left| \dfrac{\beta}{\alpha} \right| = \dfrac{3 - \sqrt{5}}{2} < 1, \left| \dfrac{\alpha}{\beta} \right| = \dfrac{3 + \sqrt{5}}{2} > 1$.

设 $\phi_n = \dfrac{F_{n+1}}{F_n}$, 则有

定理 3.1

$$\lim_{n \to \infty} \phi_n = \frac{\sqrt{5} + 1}{2}$$

上式右边的值等于 $1.618\cdots$ (其倒数的值为 $0.618\cdots$), 即所谓的黄金分割率.

另一方面, 早在 1611 年, 德国天文学家、数学家开普勒 (Johannes Kepler, 1571—1630) 便已发现 $\lim\limits_{n \to \infty} \phi_n$ 的存在性.

棣莫弗公式也被称为比内公式. 这是因为 1843 年, 法国数学家比内 (Jacques Binet, 1786—1856) 重新发现了它. 1844 年, 法国工程师兼数学家拉梅 (Gabriel Lame, 1795—1870) 也独立发现了这个公式.

在美国作家丹·布朗 (Dan Brown, 1964—) 的小说《达·芬奇密码》里, 在受害人雅克·索尼埃的尸体旁, 留下了一串数字 13, −3, −2, −21, −1, −1, −8, −5. 他的孙女意识到这是祖父传达的某种信息, 并认出这些数是斐波那契数, 这帮助她开启了祖父留在银行的保险柜, 密码正是前 8 个斐波那契数列, 即 1123581321. 顺便提一下, 在拙作《数之书》英文版 (World Scientific, 2016) 序言里, 8 幅插图所放置的页码也选择了斐波那契序列, 即第 1, 1, 2, 3, 5, 8, 13 页.

3.4   与连分数的关系

很久以前人们就已发现, ϕ_n 还可以由连分数来表示. 所谓连分数是特殊的

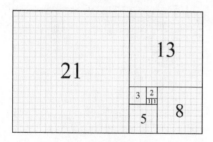

分数, 分子或分母中含有分数, 或者说是分数里面套着分数, 这种连环套有时是有限的, 有时是无限的. 任何有理数均可以以两种方式表示成有限连分数, 例如, $[1, 2, 3] = 1 + \dfrac{1}{2 + \dfrac{1}{3}} = \dfrac{10}{7}$, 它也等于 $[1, 2, 2, 1]$.

图 3.7   边长为斐波那契数的正方形折叠

对于斐波那契序列来说, 情况更是特殊.

$$\phi_n = 1 + \cfrac{1}{1 + \cfrac{1}{1 + \cfrac{1}{\ddots + \cfrac{1}{1}}}},$$

这里的连分数共有 n 个 1, 也可以写成 $\phi_n = \underbrace{[1, 1, \cdots, 1]}_{n}$. 而作为无限连分数的特例,

$$[1, 1, 1, \cdots] = 1.618 \cdots,$$

上式中的连分数是循环的, 其周期为 1, 可记为

$$[\dot{1}] = \frac{\sqrt{5}+1}{2} = 0.618\cdots.$$

类似地, 我们有

$$[\dot{2}] = \sqrt{2}+1, \quad [\dot{2},\dot{1}] = \sqrt{3}+1.$$

一般地, 任何整系数一元二次方程的无理根都可以表示成有限周期的连分数, 参见哈代 (Hardy) 的《数论导引》(*An Introduction to the Theory of Numbers*). 又如

$$\sqrt{2} = 1 + \sqrt{2} - 1 = 1 + \frac{1}{\sqrt{2}+1} = 1 + \frac{1}{2+(\sqrt{2}-1)}$$

$$= 1 + \frac{1}{2+} \frac{1}{\sqrt{2}+1} = 1 + \frac{1}{2+} \frac{1}{2+\cdots} = [1,\dot{2}],$$

$$\sqrt{3} = 1 + \frac{1}{1+} \frac{1}{2+} \frac{1}{1+} \frac{1}{2+\cdots} = [1,\dot{1},\dot{2}],$$

$$\sqrt{5} = 2 + \frac{1}{4+} \frac{1}{4+} = [2,\dot{4}],$$

$$\sqrt{7} = 2 + \frac{1}{1+} \frac{1}{1+} \frac{1}{1+} \frac{1}{4+\cdots} = [2,1,1,1,\dot{4}].$$

上述四个无理数除了 $\sqrt{3}$, 其余三个展开成连分数的周期均为奇数.

与此同时, 我们可用归纳法证明以下定理.

定理 3.2 对任意正整数 $n \geqslant 11$, 均有

$$\left(\frac{3}{2}\right)^n < F_n < \left(\frac{5}{3}\right)^n, \tag{3.5}$$

其中右边的不等式对于 $n \geqslant 0$ 也成立.

证 当 $n = 0$ 和 $n = 1$ 时, (3.5) 显然成立. 假设 (3.5) 对于 $k \leqslant n$ 时成立, 我们来考虑 $k = n+1$. 由斐波那契递推公式,

$$F_n = F_{n-1} + F_{n-2} < \left(\frac{5}{3}\right)^{n-1} + \left(\frac{5}{3}\right)^{n-2}$$

$$= \left(\frac{5}{3}\right)^{n-2} \left(\frac{5}{3}+1\right) < \left(\frac{5}{3}\right)^n.$$

现在我们来证明 (3.5) 左侧的不等式. 易知,

$$F_{11} = 89 > \left(\frac{3}{2}\right)^{11} \cong 86.5, \quad F_{12} = 144 > \left(\frac{3}{2}\right)^{12} \cong 129.7.$$

假设不等式对于任意 $11 \leqslant k \leqslant n$ 成立, 这里 $n \geqslant 12$. 我们要证明该不等式对于 $k = n + 1$ 也成立, 由假设, $F_{n-1} < \left(\frac{3}{2}\right)^{n-1}$, $F_n < \left(\frac{3}{2}\right)^n$. 利用斐波那契序列的递推公式, 我们有

$$F_{n+1} = F_n + F_{n-1} > \left(\frac{3}{2}\right)^n + \left(\frac{3}{2}\right)^{n-1}$$

$$= \left(\frac{3}{2}\right)^{n-1} \left(\frac{5}{2}\right) > \left(\frac{3}{2}\right)^{n+1}.$$

由归纳法, 定理 3.2 得证.

备注　同样, 我们可以用归纳法证明: 当 $n \geqslant 35$ 时,

$$\left(\frac{10}{7}\right)^n < G_n < \left(\frac{11}{7}\right)^n.$$

3.5　三个恒等式

图 3.8　法国天文学家卡西尼肖像

1876 年, 卢卡斯利用归纳法和斐波那契递推公式, 证明了斐波那契序列满足下列性质:

$$\sum_{i=0}^{n} F_i = F_{n+2} - 1,$$

$$\sum_{i=0}^{n-1} F_{2i+1} = F_{2n},$$

$$\sum_{i=1}^{n} F_{2i} = F_{2n+1} - 1,$$

$$\sum_{i=1}^{n} F_i^2 = F_n F_{n+1}.$$

$$F_{2n-1} = F_n^2 + F_{n-1}^2, \quad F_{2n} = F_{n+1}^2 - F_{n-1}^2. \tag{3.6}$$

1680 年, 意大利出生的法国天文学家、数学家、工程师卡西尼 (Giovanni Cassini, 1625—1712) 在担任巴黎天文台台长时发现了下列恒等式

$$F_{n-1}F_{n+1} - F_n^2 = (-1)^n \quad (n \geqslant 1),$$

后来被称作卡西尼恒等式 (土星环的分裂被称为卡西尼分裂). 由此也可以推出, 相邻的斐波那契数互素.

卡西尼恒等式在本书的后面部分将多次用到, 它可以反复利用斐波那契序列的递推公式来证明, 也可以用矩阵的方法来证明, 这是由美国计算机科学家、1974 年图灵奖得主克努斯 (Donald Knuth, 1938—) 在 1997 年给出的. 事实上,

$$F_{n-1}F_{n+1} - F_n^2 = \begin{vmatrix} F_{n+1} & F_n \\ F_n & F_{n-1} \end{vmatrix} = \begin{vmatrix} \begin{pmatrix} 1 & 1 \\ 1 & 0 \end{pmatrix} \begin{pmatrix} F_n & F_{n-1} \\ F_{n-1} & F_{n-2} \end{pmatrix} \end{vmatrix} = \cdots$$

$$= \begin{vmatrix} \begin{pmatrix} 1 & 1 \\ 1 & 0 \end{pmatrix}^{n-1} \begin{pmatrix} F_2 & F_1 \\ F_1 & F_0 \end{pmatrix} \end{vmatrix} = \det \begin{pmatrix} 1 & 1 \\ 1 & 0 \end{pmatrix}^n = (-1)^n.$$

1879 年, 比利时出生的法国数学家卡塔兰 (Eugène Catalan, 1814—1894) 将卡西尼恒等式推广为 (卡塔兰恒等式)

$$F_n^2 - F_{n-r}F_{n+r} = (-1)^{n-r}F_r^2 \quad (n \geqslant r \geqslant 1).$$

当 $r = 1$ 时, 此即为卡西尼恒等式.

易知

$$F_n^2 - F_{n-r}F_{n+r} = - \begin{vmatrix} F_{n+r} & F_n \\ F_n & F_{n-r} \end{vmatrix}.$$

图 3.9 法国数学家卡塔兰像

利用 (3.2), 可以将上式右边的行列式变为

$$\begin{vmatrix} F_{r+1}F_n + F_rF_{n-1} & F_n \\ F_{r+1}F_{n-r} + F_rF_{n-r-1} & F_{n-r} \end{vmatrix} = \begin{vmatrix} F_rF_{n-1} & F_n \\ F_rF_{n-r-1} & F_{n-r} \end{vmatrix}$$

$$= F_r \begin{vmatrix} F_{n-1} & F_n \\ F_{n-r-1} & F_{n-r} \end{vmatrix}. \tag{3.7}$$

对右式的行列式, 反复利用行列式的性质和递推关系, 若 $n-r$ 为偶数, 则可得

$$\begin{vmatrix} F_{n-1} & F_n \\ F_{n-r-1} & F_{n-r} \end{vmatrix} = \begin{vmatrix} F_{n-1} & F_{n-2} \\ F_{n-r-1} & F_{n-r-2} \end{vmatrix} = \cdots = \begin{vmatrix} F_{n-(n-r)} & F_{n-(n-r)+1} \\ F_{n-r-(n-r)} & F_{n-r-(n-r)+1} \end{vmatrix}$$

$$= \begin{vmatrix} F_{r+1} & F_r \\ F_1 & F_0 \end{vmatrix} = \begin{vmatrix} F_{r+1} & F_r \\ 1 & 0 \end{vmatrix} = -F_r,$$

若 $n-r$ 为奇数, 则可得

$$\begin{vmatrix} F_{n-1} & F_n \\ F_{n-r-1} & F_{n-r} \end{vmatrix} = \begin{vmatrix} F_{n-1} & F_{n-2} \\ F_{n-r-1} & F_{n-r-2} \end{vmatrix} = \cdots = \begin{vmatrix} F_{n-(n-r)+1} & F_{n-(n-r)} \\ F_{n-r-(n-r)+1} & F_{n-r-(n-r)} \end{vmatrix}$$

$$= \begin{vmatrix} F_r & F_{r+1} \\ F_0 & F_1 \end{vmatrix} = \begin{vmatrix} F_r & F_{r+1} \\ 0 & 1 \end{vmatrix} = F_r.$$

代入 (3.7), 即得卡塔兰恒等式.

后来, 匈牙利出生在奥地利接受教育的英国数学家瓦伊达 (Steven Vajda, 1901—1995) 又将卡塔兰恒等式推广为

$$F_{n+i}F_{n+j} - F_n F_{n+i+j} = (-1)^n F_i F_j.$$

下面, 我们利用棣莫弗公式来证明瓦伊达恒等式. 设 α, β 分别代表 $\dfrac{1 \pm \sqrt{5}}{2}$, 则有

$$F_{n+i}F_{n+j} - F_n F_{n+i+j}$$

$$= \frac{\alpha^{n+i} - \beta^{n+i}}{\sqrt{5}} \frac{\alpha^{n+j} - \beta^{n+j}}{\sqrt{5}} - \frac{\alpha^n - \beta^n}{\sqrt{5}} \frac{\alpha^{n+i+j} - \beta^{n+i+j}}{\sqrt{5}}$$

$$= \frac{1}{5}(-\alpha^{n+i}\beta^{n+j} - \alpha^{n+j}\beta^{n+i} + \alpha^n \beta^{n+i+j} + \alpha^{n+i+j}\beta^n)$$

$$= \frac{1}{5}(\alpha\beta)^n(-\alpha^i\beta^j - \alpha^j\beta^i + \beta^{i+j} + \alpha^{i+j})$$

$$= (\alpha\beta)^n \frac{\alpha^i - \beta^i}{\sqrt{5}} \frac{\alpha^j - \beta^j}{\sqrt{5}}$$

$$= (-1)^n F_i F_j.$$

另一方面, 由行列式的性质可知, 对应任意整数 n,

$$\begin{vmatrix} F_n & F_{n+1} & F_{n+2} \\ F_{n+1} & F_{n+2} & F_{n+3} \\ F_{n+2} & F_{n+3} & F_{n+4} \end{vmatrix} = 0.$$

推广之, 对应整数 n 和任意非负整数 k, 我们有

定理 3.3 对于任意整数 n 和 k, 均有

$$\begin{vmatrix} F_n & F_{n+k} & F_{n+2k} \\ F_{n+k} & F_{n+2k} & F_{n+3k} \\ F_{n+2k} & F_{n+3k} & F_{n+4k} \end{vmatrix} = 0.$$

证 我们利用 (3.2), 斐波那契递推公式和行列式的性质来证明, 事实上,

$$\begin{vmatrix} F_n & F_{n+k} & F_{n+2k} \\ F_{n+k} & F_{n+2k} & F_{n+3k} \\ F_{n+2k} & F_{n+3k} & F_{n+4k} \end{vmatrix}$$

$$= \begin{vmatrix} F_n & F_{n+k} & F_{n+2k} \\ F_{n+k} & F_{(n+k)+k} & F_{(n+k)+2k} \\ F_{n+2k} & F_{(n+2k)+k} & F_{(n+2k)+2k} \end{vmatrix}$$

$$= \begin{vmatrix} F_n & F_{k+1}F_n + F_k F_{n-1} & F_{2k+1}F_n + F_{2k}F_{n-1} \\ F_{n+k} & F_{k+1}F_{n+k} + F_k F_{n+k-1} & F_{2k+1}F_{n+k} + F_{2k}F_{n+k-1} \\ F_{n+2k} & F_{k+1}F_{n+2k} + F_k F_{n+2k-1} & F_{2k+1}F_{n+2k} + F_{2k}F_{n+2k-1} \end{vmatrix}$$

$$= F_k F_{2k} \begin{vmatrix} F_n & F_{n-1} & F_{n-1} \\ F_{n+k} & F_{n+k-1} & F_{n+k-1} \\ F_{n+2k} & F_{n+2k-1} & F_{n+2k-1} \end{vmatrix} = 0.$$

3.6 相同的二项式系数

二项式系数是数学中非常重要的概念, 它贯穿了分析和组合数学等数学分支, 在数论里, 它也常常引出有意思的问题. 我们这里只考虑相同的二项式系数, 在此

斐波那契序列将发挥特别的作用. 众所周知, 二项式系数满足下列平凡的等式.

$$\binom{n}{0} = 1, \quad \binom{n}{k} = \binom{n}{n-k}, \quad 0 \leqslant k \leqslant n,$$

$$\binom{\binom{n}{k}}{1} = \binom{n}{k}.$$

下面我们考虑非平凡解, 考虑对不同的 m, n, 是否存在 $2 \leqslant k \leqslant \dfrac{m}{2}, 2 \leqslant l \leqslant \dfrac{n}{2}$, 使得

$$\binom{m}{k} = \binom{n}{l}. \tag{3.8}$$

已知在 10^{30} 的范围内, 或者 $\max\{n, m\} \leqslant 1000$ 时, 仅有

$$\binom{16}{2} = \binom{10}{3} = 120, \quad \binom{21}{2} = \binom{10}{4} = 210,$$

$$\binom{56}{2} = \binom{22}{3} = 1540, \quad \binom{120}{2} = \binom{36}{3} = 7140,$$

$$\binom{153}{2} = \binom{19}{5} = 11628, \quad \binom{221}{2} = \binom{17}{8} = 24310,$$

$$\binom{78}{2} = \binom{15}{5} = \binom{14}{6} = 3003,$$

$$\binom{F_{2i+2}}{F_{2i}} \quad \binom{F_{2i+3}}{F_{2i+3}} = \binom{F_{2i+2}}{F_{2i}} \quad \binom{F_{2i+3}-1}{F_{2i+3}+1}, \quad i \geqslant 1.$$

最后那个式子对任意正整数 i 成立, 也就是说, 用斐波那契序列表示的二项式系数等式有无穷多组. 这由 D. A. Lind (The Fibonacci Quarterly, 1968(6): 86-93) 和 D. Singmaster (The Fibonacci Quarterly, 1975(13): 295-298)各自独立得到.

特别地, 当 $i=1$ 时, 即得 $\binom{15}{5} = \binom{14}{6}$; 而当 $i = 2$ 时, 可得 $\binom{104}{39} =$

$$\begin{pmatrix} 103 \\ 40 \end{pmatrix}.$$

事实上, 假设 $A = F_{2i+2}F_{2i+3}, B = F_{2i}F_{2i+3}$, 则上式等价于

$$\frac{A!}{B!(A-B)!} = \frac{(A-1)!}{(B+1)!(A-B-2)!},$$

此式又等价于

$$A(B+1) = (A-B)(A-B-1).$$

利用斐波那契序列的递推公式, 上式又等价于

$$F_{2i+2}F_{2i+3}\left(F_{2i}F_{2i+3}+1\right) = F_{2i+1}F_{2i+3}\left(F_{2i+1}F_{2i+3}-1\right),$$

两端消去一个 F_{2i+3}, 移项并再次利用斐波那契序列的递推公式, 再消去一个 F_{2i+3}, 可得

$$F_{2i}F_{2i+2} + 1 = F_{2i+1}^2,$$

此即卡西尼恒等式, 故所求为真.

De Weger (Journal of Number Theory, 1997(63): 373-386) 猜测, 上述所列 8 个等式为方程 (3.8) 的所有解.

我们在《经典数论的现代导引》里定义了形素数, 即 1 和形如 $\begin{pmatrix} p^i \\ j \end{pmatrix}$ 的正整数, 其中 p 是素数, i 和 j 是正整数, $j \leqslant \frac{p^i}{2}$. 显而易见, 这类二项式系数包含了所有的素数和素数幂, 但在无穷意义上元素个数与素数是一样多的. 我们提出的关于形素数的若干猜想, 其中猜想 3.1 是比哥德巴赫猜想更强的猜想, 且对奇偶数都成立.

图 3.10 黄春菊, 绿色和蓝色的螺旋线各有 13 和 21 条

猜想 3.1 任何大于 1 的整数均可表示成 2 个形素数之和.

猜想 3.2　形素数是不同的.

显而易见, 上述所列 8 个等式中均无形素数的等式. 也就是说, 由 De Weger 猜想可以导出猜想 3.2, 即所有的形素数各不相同. 可是, 猜想 3.2 和猜想 3.1 一样, 仍超出我们的能力.

3.7　可整除序列

所谓可整除序列 (divisibility sequence) 是指这样的整数序列 $\{a_n\}$, 只要 $m|n$, 必有 $a_m|a_n$. 而假如这个序列满足

$$\gcd(a_m, a_n) = a_{\gcd(m,n)},$$

则被称为强可整除序列 (strong divisibility sequence).

易知, 序列 $a_n = kn$ 和 $a_n = A^n - B^n$ 均为可整除序列, 而常数序列是强可整除序列.

1876 年, 卢卡斯证明了

图 3.11　法国数学家卢卡斯, 他命名斐波那契序列

定理 3.4 (卢卡斯)　对任意的正整数 m, n,

$$(F_m, F_n) = F_{(m,n)}. \tag{3.9}$$

由此可知, 斐波那契序列是强可整除序列.

卢卡斯定理可由欧几里得算法公式推出. 首先, 由加法公式 (3.2), 对任意整数 k、n、r, n 和 r 不同时为 0, 我们有

$$F_{kn+r} = F_{(k-1)n+r}F_{n+1} + F_{(k-1)n+r-1}F_n.$$

由于相邻的斐波那契数互素, 故而,

$$(F_{kn+r}, F_n) = \left(F_{(k-1)n+r}F_{n+1}, F_n\right) = \left(F_{(k-1)n+r}, F_n\right).$$

因此,

$$(F_{kn+r}, F_n) = \left(F_{(k-1)n+r}, F_n\right) = \cdots = (F_{n+r}, F_n) = (F_r, F_n). \tag{3.10}$$

下面我们证明卢卡斯定理. 不妨设 $m \geqslant n$, 由欧几里得算法,

$$m = nq + r, \quad 0 < r < n,$$
$$n = rq_1 + r_1, \quad 0 < r_1 < r,$$
$$r_{s-2} = r_{s-1}q_s + r_s, \quad 0 < r_s < r_{s-1},$$
$$r_{s-1} = r_s q_{s+1},$$

其中 $r_s = (m, n)$. 利用 (3.10), 可得

$$(F_m, F_n) = (F_{qn+r}, F_n) = (F_n, F_r) = (F_r, F_{r_1}) = \cdots$$
$$= (F_{r_{s-1}}, F_{r_s}) = (F_{q_{s+1}r_s}, F_{r_s}) = (F_{r_s}, F_{r_s}) = F_{r_s} = F_{(m,n)}.$$

推论 3.1 $F_m | F_n$ 当且仅当 $m | n$.

推论 3.2 若 $(m, n) = 1$, 则 $F_m F_n \mid F_{mn}$.

特别地, 除了 $F_4 = 3$, 若 F_n 为素数, 则必须 n 为素数. 因为有任意长的连续的合数, 故而也有任意长的连续的斐波那契合数.

利用卢卡斯定理, 我们也可以给出素数有无穷多个的证明.

事实上, 如果只有有限多个素数, 不妨设为 $p_1, p_2, \cdots, p_k$. 考虑下列斐波那契数组 $F_{p_1}, F_{p_2}, \cdots, F_{p_k}$, 由卢卡斯定理知, 它们两两互素, 因此这 k 个斐波那契数中的每一个都只能含有一个素因子, 也就是说, 它们必为素数. 这又与 $F_{19} = 4181 = 37 \cdot 113$ 矛盾, 故而素数有无穷多个.

除了卢卡斯定理, 我们还可以得到下列结果: 若 $m | n$, 则

$$F_m \mid F_{n \pm 1} - F_1, \quad 若 \frac{n}{m} \equiv 0 (\bmod \ 4),$$

$$F_m \mid F_{n \pm 1} + F_{m-2}, \quad 若 \frac{n}{m} \equiv 1 (\bmod \ 4),$$

$$F_m \mid F_{n \pm 1} + (-1)^{m-1}F_1, \quad 若 \frac{n}{m} \equiv 2 (\bmod \ 4),$$

$$F_m \mid F_{n \pm 1} + (-1)^m F_{m-2}, \quad 若 \frac{n}{m} \equiv 3 (\bmod \ 4);$$

$$F_m \mid F_{n \pm 2} \mp F_2, \quad 若 \frac{n}{m} \equiv 0 (\bmod \ 4),$$

$$F_m \mid F_{n\pm2} \pm F_{m-2}, \qquad 若 \frac{n}{m} \equiv 1(\bmod\ 4),$$

$$F_m \mid F_{n\pm2} + (-1)^{m-1}F_2, \quad 若 \frac{n}{m} \equiv 2(\bmod\ 4),$$

$$F_m \mid F_{n\pm2} + (-1)^{m}F_{m-2}, \quad 若 \frac{n}{m} \equiv 3(\bmod\ 4);$$

$$F_m \mid F_{n\pm3} - F_3, \qquad 若 \frac{n}{m} \equiv 0(\bmod\ 4),$$

$$F_m \mid F_{n\pm3} - F_{m-3}, \qquad 若 \frac{n}{m} \equiv 1(\bmod\ 4),$$

$$F_m \mid F_{n\pm3} + (-1)^{m-1}F_3, \quad 若 \frac{n}{m} \equiv 2(\bmod\ 4),$$

$$F_m \mid F_{n\pm3} + (-1)^{m}F_{m-3}, \quad 若 \frac{n}{m} \equiv 3(\bmod\ 4);$$

$$F_m \mid F_{n\pm4} \mp F_4, \qquad 若 \frac{n}{m} \equiv 0(\bmod\ 4),$$

$$F_m \mid F_{n\pm4} \pm F_{m-4}, \qquad 若 \frac{n}{m} \equiv 1(\bmod\ 4),$$

$$F_m \mid F_{n\pm4} + (-1)^{m-1}F_4, \qquad 若 \frac{n}{m} \equiv 2(\bmod\ 4),$$

$$F_m \mid F_{n\pm4} \pm (-1)^{m}F_{m-4}, \qquad 若 \frac{n}{m} \equiv 3(\bmod\ 4).$$

下面我们介绍椭圆可整除序列 (elliptic divisibility sequence, EDS). 这个整数序列源自于椭圆曲线上的可除多项式的非线性递推关系, 这是美国数学家沃德 (M. Ward, 1901—1963) 于 1948 年提出来的, 他是《数学精英》的作者贝尔 (E. T. Bell, 1883—1960) 的学生. 新千年以来, 人们对这个序列的兴趣渐增, 一来它与椭圆曲线有关, 二来它可以应用于逻辑学和密码学.

所谓椭圆可整除序列是指这样的整数序列 $\{W_n\}$, 它由四个初始值 W_1, W_2, W_3, W_4 确定, 满足 $W_1W_2W_3 \neq 0$,

$$W_{2n+1}W_1^3 = W_{n+2}W_n^3 - W_{n+1}^3W_{n-1}, \quad n \geqslant 2,$$

$$W_{2n}W_2W_1^2 = W_{n+2}W_nW_{n-1}^2 - W_nW_{n-2}W_{n+1}^2, \quad n \geqslant 3.$$

用归纳法不难证明, 若 W_1 整除 W_2, W_3, W_4, 且 W_2 整除 W_4, 则 $\{W_n\}$ 必为

整数序列. 只需注意到, W_2 整除 W_{2n}. 事实上, $\{W_n\}$ 还满足:

$$若 m|n,\quad 必有 W_m|W_n.$$

即它为可整除序列.

例 3.1 正整数序列 $1, 2, 3, \cdots$ 是 EDS 序列.

例 3.2 偶数项斐波那契序列 $1, 3, 8, 21, 55, 144, 377, 987, \cdots$ 是 EDS 序列.

椭圆可整除序列的一个基本性质是

$$W_{n+m}W_{n-m}W_r^2 = W_{n+r}W_{n-r}W_m^2 - W_{m+r}W_{m-r}W_n^2, \quad n > m > 3.$$

1913 年, 卡迈克尔还得到了下列定理.

卡迈克尔定理 除了 $1, 8$ 和 144, 每个斐波那契序列均含有一个素因子, 它不是此前任何一项斐波那契序列的因子.

3.8 齐肯多夫定理

1972 年, 比利时退休医生和军官齐肯多夫 (Edouard Zeckendorf, 1901—1983) 证明了以下后来以他名字冠名的定理.

定理 3.5 (齐肯多夫) 每个正整数均可以唯一表示成不相邻的斐波那契序列的和.

此处 $F_1 = F_2 = 1$ 只取一个. 这样的表示也被称作齐肯多夫表示.

例如, $50 = 34 + 13 + 3$, $100 = 89 + 8 + 3$. 如果去掉 "不相邻" 的条件, 唯一性就不复存在. 例如, $100 = 55 + 34 + 8$

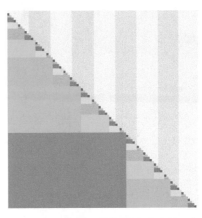

图 3.12 从 1 到 89 的齐肯多夫表达, 每个长方形的长和宽均为斐波那契数

$+ 3 = 100 = 89 + 8 + 2 + 1$. 这个定理的存在性可用归纳法来证明, 唯一性的证明

可以利用集合论的知识, 也可以利用上节给出的斐波那契序列的加法性质. 本节的一些新结果和证明是在数论讨论班里完成的.

存在性证明 当 $n = 1, 2, 3$ 时, 显然成立, 因为这三个数都是斐波那契数. 当 $n = 4$ 时, 结论也成立, 因为 $4 = 3 + 1$. 现在假设 $n \leqslant k$ 时结论成立, 考虑 $k + 1$ 的情形. 假如 $k + 1$ 是个斐波那契数, 那结论自然成立. 不然的话, 我们不妨假设 $F_j < k + 1 < F_{j+1}$. 现在令 $a = k + 1 - F_j$, 显然 $a \leqslant k$, 由归纳假设, a 可以表示成不相邻的斐波那契数之和. 另一方面, 由于 $F_j + a < F_{j+1}$, 且 $F_{j+1} = F_j + F_{j-1}$, 故而 $a < F_{j-1}$, 从而 a 的斐波那契数和表示里没有 F_{j-1}, 即 $k + 1 = a + F_j$ 可以表示成不相邻的斐波那契数之和. 由归纳法, 存在性得证.

唯一性证明 反设存在某个正整数, 它可以用两种不同的方式表示成不相邻的斐波那契数之和, 不妨设

$$F_{i_1} + F_{i_2} + \cdots + F_{i_s} = F_{j_1} + F_{j_2} + \cdots + F_{j_t}, \tag{3.11}$$

这里 $i_1 > i_2 + 1 > \cdots > i_s + s - 1 > 1, j_1 > j_2 + 1 > \cdots > j_t + t - 1 > 1, F_{i_1} \neq F_{j_1}$.

不设一般性, 我们假设 $F_{i_1} > F_{j_1}$. 若 j_1 为偶数, 则由 (3.6),

$$(3.11) \text{ 右边} \leqslant F_{j_1} + F_{j_1 - 2} + \cdots + F_2 = F_{j_1 + 1} - 1 < F_{j_1 + 1} \leqslant F_{i_1}.$$

若 j_1 为奇数, 同样由 (3.6) 可得 (由于 F_1 和 F_2 中已去掉一个, 故余下那个与 F_3 毗邻)

$$(3.11) \text{ 右边} \leqslant F_{j_1} + F_{j_1 - 2} + \cdots + F_3 = F_{j_1 + 1} - 1 < F_{j_1 + 1} \leqslant F_{i_1}.$$

无论哪种情况, 均有 (3.11) 右边 < 左边, 矛盾! 唯一性得证.

齐肯多夫出生在比利时东部名城列日, 后来在列日大学医学院获得博士学位, 随后从军. 1940 年他被入侵的德国人俘虏, 在监狱里关了五年. 齐肯多夫利用业余时间研究斐波那契序列, 他在 1972 年发现并得到了这个定理, 后来人们才知道, 20 年前便有一位叫 Gerrit Lekkerkerker 的荷兰数学家发表了这一结果.

仿照上述存在性和唯一性的证明, 我们可以得到齐肯多夫定理的推广.

定理 3.6 每个正整数均可以唯一表示成相隔两个或两个以上的 G_n 数之和.

此处 $G_1 = G_2 = G_3 = 1$ 只取一个. 存在性易证. 要得到上述定理的唯一性, 我们需要类似于 (3.6) 的 G_n 数的推广. 我们可用归纳法和 G_n 数的递推公式

得到

$$\sum_{i=0}^{n} G_i = G_{n+3} - 1,$$

$$\sum_{i=0}^{n} G_{3i+1} = G_{3n+2},$$

$$\sum_{i=0}^{n} G_{3i+2} = G_{3n+3},$$

$$\sum_{i=1}^{n} G_{3i} = G_{3n+1} - 1.$$

至于类似平方和的等式、斐波那契数最大公因数等性质, 我们尚没能得到. 但却有类似于卡西尼恒等式或卡塔兰恒等式的推广, 例如

$$G_{n-r}G_{n+r} - G_n^2 = g_r(n),$$

其中

$$g_r(n) = g_r(n-3) - g_r(n-2)$$

满足 $g_r(r) = -G_r^2, g_r(r-1) = -G_{r-1}^2, g_r(r-2) = G_r^2 - G_{r-1}^2$.

又如,

$$G_{2r} = G_{r+1}^2 + G_{r-1}^2 - G_{r-2}^2,$$

$$G_{2r+1} = G_{r+1}^2 + G_r^2 + G_{r-1}^2 - G_{r-3}^2 = G_{r+1}^2 + 2G_r G_{r-1}.$$

此外, 对任意整数 n, 我们有以下 15 个恒等式

$$G_{n+1}G_{n+4} - G_{n+2}G_{n+3} = G_{-n-5},$$

$$G_{n+1}G_{n+5} - G_{n+2}G_{n+4} = G_{-n-5},$$

$$G_{n+1}G_{n+6} - G_{n+3}G_{n+4} = -G_{-n-7},$$

$$G_{n+1}G_{n+7} - G_{n+2}G_{n+6} = -G_{-n-10},$$

$$G_{n+1}G_{n+9} - G_{n+2}G_{n+8} = -2G_{-n-10},$$

$$G_{n+1}G_{n+10} - G_{n+2}G_{n+9} = -3G_{-n-10},$$

$$G_{n+1}G_{n+8} - G_{n+3}G_{n+6} = G_{-n-12},$$

$$G_{n+1}G_{n+10} - G_{n+3}G_{n+8} = 2G_{-n-12},$$

$$G_{n+1}G_{n+11} - G_{n+3}G_{n+9} = 3G_{-n-12},$$

$$G_{n+1}G_{n+9} - G_{n+4}G_{n+6} = G_{-n-12},$$

$$G_{n+1}G_{n+11} - G_{n+4}G_{n+8} = 2G_{-n-12},$$

$$G_{n+1}G_{n+12} - G_{n+4}G_{n+9} = 3G_{-n-12},$$

$$G_{n+1}G_{n+13} - G_{n+6}G_{n+8} = -2G_{-n-17},$$

$$G_{n+1}G_{n+14} - G_{n+6}G_{n+9} = -3G_{-n-17},$$

$$G_{n+1}G_{n+16} - G_{n+8}G_{n+9} = -6G_{-n-17}.$$

对任意非负整数 i, 恒有

$$\begin{vmatrix} G_i & G_{i+1} & G_{i+2} \\ G_{i+1} & G_{i+2} & G_{i+3} \\ G_{i+2} & G_{i+3} & G_{i+4} \end{vmatrix} = -1. \tag{3.12}$$

首先, 当 $i = 0$ 时, 可以直接验证. 然后, 用归纳法, 行列式的性质和 G_n 数的递推公式, 即可以证明 (3.12).

一般地, 设 i 为任意非负整数, k 为任意正整数, 可考虑

$$G(i,k) = \begin{vmatrix} G_i & G_{i+k} & G_{i+2k} \\ G_{i+k} & G_{i+2k} & G_{i+3k} \\ G_{i+2k} & G_{i+3k} & G_{i+4k} \end{vmatrix}. \tag{3.13}$$

我们先来证明 (3.12). 当 $i = 0$ 时, 直接计算这个三阶行列式即可验证. 假设 (3.12) 对于 $i - 1$ 成立, 我们考虑 i 的情形, 此时 $i \geqslant 1$. 利用行列式的性质和 G_n 数的递推公式, 在 (3.12) 左边行列式中, 用第二行去减第三行, 其值不变, 所得新的第三行为 $\{G_{i-1}, G_i, G_{i+1}\}$, 将此行依次与第二行、第一行互换, 两次改变正负号, 其值仍然不变. 再由归纳假设, 即证得 (3.12) 成立.

再来考虑 (3.13), 由上节论证, 我们不妨记 $G(i,k) = G(k)$. 可以算出 k 从 1 到 10 的 $G(k)$ 如下,

$$-1, -1, -1, -9, -1 - 121, -64, -729, -2809, -961, \quad \cdots.$$

每个数都是负的平方数, 其绝对值总体趋向无穷, 但有时会递减.

考虑级数 $G(x) = \sum\limits_{n=0}^{\infty} G_n x^n$, 易知 $G(x)$ 的生成函数为

$$G(x) = \frac{x}{1 - x^2 - x^8}$$

设 $x^3 - x^2 - 1 = 0$ 的三个根为 α, β, γ, 其中包含一个实根 (设为 α, 由罗尔定理知必大于 1) 和两个共轭虚根. 事实上, 利用三次方程的求根公式可知

$$\alpha = \sqrt[3]{\frac{\left(1 + \sqrt{\dfrac{23}{27}}\right)}{2}} + \sqrt[3]{\frac{\left(1 - \sqrt{\dfrac{23}{27}}\right)}{2}} \approx 1.32472.$$

假设 G_n 的通项表达式为

$$G_n = A\alpha^n + B\beta^n + C\gamma^n.$$

利用行列式的克兰姆法则, 可以求得

$$A = \frac{\alpha}{(\alpha - \beta)(\beta - \gamma)}, \quad B = \frac{\beta}{(\beta - \gamma)(\gamma - \alpha)}, \quad C = \frac{\gamma}{(\gamma - \alpha)(\alpha - \beta)}.$$

于是, 由行列式的性质, 我们有

$$
G_k = \left| \begin{pmatrix} A & B & C \\ A\alpha^k & B\beta^k & C\gamma^k \\ A\alpha^{2k} & B\beta^{2k} & C\gamma^{2k} \end{pmatrix} \begin{pmatrix} 1 & \alpha^k & \alpha^{2k} \\ 1 & \beta^k & \beta^{2k} \\ 1 & \gamma^k & \gamma^{2k} \end{pmatrix} \right|
$$

$$
= ABC \left| \begin{pmatrix} 1 & 1 & 1 \\ \alpha^k & \beta^k & \gamma^k \\ \alpha^{2k} & \beta^{2k} & \gamma^{2k} \end{pmatrix} \right|^2
$$

$$
= ABC(\alpha^k - \beta^k)^2 (\beta^k - \gamma^k)^2 (\gamma^k - \alpha^k)^2.
$$

特别地,

$$G_1 = 1 = ABC(\alpha - \beta)^2 (\beta - \gamma)^2 (\gamma - \alpha)^2.$$

将以上两式结合, 即得

$$G_k = -\left\{ \frac{(\alpha^k - \beta^k)(\beta^k - \gamma^k)(\gamma^k - \alpha^k)}{(\alpha - \beta)(\beta - \gamma)(\gamma - \alpha)} \right\}^2.$$

比较卡塔兰恒等式和棣莫弗公式,

$$F_n = \frac{1}{\sqrt{5}} \left\{ \left(\frac{1 + \sqrt{5}}{2} \right)^n - \left(\frac{1 - \sqrt{5}}{2} \right)^n \right\} = \frac{\alpha_1^n - \beta_1^n}{\alpha_1 - \beta_1}.$$

我们可以想象出更一般的形式, 此处 α_1, β_1 表示 $\dfrac{1 \pm \sqrt{5}}{2}$.

最后, 由 G_n 的上述表达式可知,

$$\lim_{n \to \infty} \frac{G_{n+1}}{G_n} = \alpha = 1.32472.$$

3.9　从 2 进制到 3 进制

我们注意到, F_n 和 G_n 的差异仅仅在于它们的递推公式, 前者是 $F_n = F_{n-2} + F_{n-1}$, 后者是 $G_n = G_{n-3} + G_{n-1}$. 由此反推, 假如我们设定 $E_1 = 1$, $E_n = E_{n-1} + E_{n-1}(n \geqslant 2)$, 则 $E_n = 2^{n-1}$, 此乃首项为 1, 以 2 为公比的等比序列. 由 2 进制性质知, 每个正整数均可唯一表示为等比序列 $\{2^{n-1}\}$ 之和, 这个和式并未有任何限定条件, 比如要求各项不相邻. 由此看来, 斐波那契序列是 2 进制的一个推广, 难怪有齐肯多夫定理.

从 2 进制我们联想到 3 进制, 是否存在递推序列? 使得所有正整数均可以由它们的和唯一表示, 每项至多出现 2 次呢? 我们考虑下列 H_n 数列

$$H_0 = -1, \quad H_1 = 1, \quad H_n = H_{n-2} + 2H_{n-1} \ (n \geqslant 2).$$

它的前 10 项为 1, 1, 3, 7, 17, 41, 99, 239, 577, 1393.

利用归纳法, 不难建立下列 H_n 序列的恒等式:

$$\begin{aligned}
2\sum_{i=1}^{n} H_i &= H_{n+2} - H_{n+1}, \\
2\sum_{i=0}^{n-1} H_{2i+1} &= H_{2n} + 1, \\
2\sum_{i=1}^{n} H_{2i} &= H_{2n+1} - 1, \\
2\sum_{i=1}^{n} H_i^2 &= H_n H_{n+1} + 1.
\end{aligned} \tag{3.14}$$

定理 3.6 任何正整数均可唯一表示成 H_n 数之和, 其中每项至多出现两次, 且两次出现的项其前项不出现.

定理 3.6 最后的要求与斐波那契序列的齐肯多夫定理的要求是一致的.

存在性证明 当 $n = 1, 2, 3$ 时, 显然成立. 现在假设 $n \leqslant k$ 时结论成立, 考虑 $k + 1$ 的情形. 假如 $k + 1$ 是 H_n 数, 那结论自然成立. 不然的话, 我们不妨假设 $H_j < k + 1 < H_{j+1}$. 现在令 $a = k + 1 - H_j$, 显然 $a \leqslant k$, 由归纳假设, a 可以表示成不相邻的 H_n 之和, 且各项符合定理要求. 另一方面, 由于 $H_j + a < H_{j+1} = 2H_j + H_{j-1}$, 故而 $a < H_j + H_{j-1}$, 从而 a 的 H_n 数和表示里 H_j 和 H_{j-1} 不能同时出现, 即 $k + 1 = a + H_j$ 可以表示成不同的 H_n 数之和, 且各项符合定理要求. 由归纳法, 存在性得证.

唯一性证明 反设存在某个正整数, 它可以用两种不同的方式表示成不相邻的 H_n 数之和, 且各项符合定理要求. 不妨设

$$\alpha_{i_1} H_{i_1} + \alpha_{i_2} H_{i_2} + \cdots + \alpha_{i_s} H_{i_s} = \beta_{j_1} H_{j_1} + \beta_{j_2} H_{j_2} + \cdots + \beta_{j_t} H_{j_t}, \qquad (3.15)$$

这里 $1 \leqslant \alpha_i, \beta_j \leqslant 2$, 左右两边相邻的 H_n 数下标均满足, $i_1 > i_2$, 且若 $\alpha_{i_1} = 2$, 则 $i_1 > i_2 + 1$. 不妨设 $i_1 > j_1$, 由 (3.14), 若 j_1 为偶数, 则

$$(3.15) \text{ 右边} \leqslant 2H_{j_1} + 2H_{j_1 - 2} + \cdots + 2H_2 = H_{j_1 + 1} - 1.$$

而若 j_1 为奇数, 则

$$(3.15) \text{ 右边} \leqslant 2H_{j_1} + 2H_{j_1 - 2} + \cdots + 2H_3 = H_{j_1 + 1} - 1.$$

此处 H_1 因为与 H_2 相同不出现. 无论如何,

$$(3.15) \text{ 右边} < H_{j_1 + 1} \leqslant H_{i_1} \leqslant (3.12) \text{ 左边}.$$

矛盾! 唯一性得证.

与斐波那契序列的瓦伊达恒等式相仿, 我们也有

$$H_{n+i} H_{n+j} - H_n H_{n+i+j} = (-1)^n \frac{(H_i + H_{i+1})(H_j + H_{j+1})}{2}. \qquad (3.16)$$

下面我们给出上式的证明：考虑级数 $H(x) = \sum_{n=0}^{\infty} H_n x^n$, 易知 $H(x)$ 的生成函数为

$$x^2 - 2x - 1 = 0.$$

设其两个根为 α, β, 显然 $\alpha\beta = -1$. 假设, G_n 的通项表达式为

$$H_n = A\alpha^n + B\beta^n.$$

于是, 我们有

$$
\begin{aligned}
H_{n+i}H_{n+j} - H_n H_{n+i+j} &= - \begin{vmatrix} H_n & H_{n+i} \\ H_{n+j} & H_{n+i+j} \end{vmatrix} \\
&= - \left| \begin{pmatrix} A\alpha^n & B\beta^n \\ A\alpha^{n+j} & B\beta^{n+j} \end{pmatrix} \begin{pmatrix} 1 & \alpha^i \\ 1 & \beta^i \end{pmatrix} \right| \\
&= -(-1)^n AB(\alpha^i - \beta^i)(\alpha^j - \beta^j).
\end{aligned}
$$

记上式为 $H(n; i, j)$, 它与 n 无关, $H(0; 1, 1) = AB(\alpha - \beta)^2 = -2$. 求出 AB, 代回上式, 即得

$$H_{n+i}H_{n+j} - H_n H_{n+i+j} = 2(-1)^n \frac{(\alpha^i - \beta^i)(\alpha^j - \beta^j)}{(\alpha - \beta)^2}. \tag{3.17}$$

另一方面, 由于对应正整数 n, H_n 和 H_{n+1} 是二阶线性差分方程的两个线性无关的解, 作为同一方程的一个解 $\dfrac{\alpha^n - \beta^n}{\alpha - \beta}$, 它必须是 H_n 和 H_{n+1} 的线性组合. 设

$$\frac{\alpha^n - \beta^n}{\alpha - \beta} = aH_n + bH_{n+1}.$$

依次取 $n = 0$ 和 1, 可以求得 $a = b = \dfrac{1}{2}$. 代入 (3.17), 即证得 (3.16).

斐波那契乘积 设正整数 a 和 b 的齐肯多夫表示分别为 $a = \sum_{i=0}^{k} F_{c_i}$ 和 $b = \sum_{j=0}^{l} F_{d_j}$, 则 a 和 b 的斐波那契乘积 $a \circ b$ 定义为 $\sum_{i=0}^{k} \sum_{j=0}^{l} F_{c_i + d_j}$.

例如, $2 = F_3, 4 = F_4 + F_2(F_1$ 不取$)$, 则 $2 \circ 4 = F_{3+4} + F_{3+2} = 13 + 5 = 18$. 可以证明, 斐波那契乘积满足交换律和结合律.

在计算机科学里, 有一个著名的斐波那契编码 (Fibonacci coding), 它与齐肯多夫定理关系密切. 对任意正整数 n, 其斐波那契编码定义如下: 若不超过 n 的最大的斐波那契数是 F_i, 则编码共 i 位, 第 $i-1$ 位和第 i 位均为 1. 若其表示式里第二大的斐波那契数是 F_j, 则第 $j-1$ 位为 1, 如此等等, 其余均为 0. 这样一来, 编码唯一确定, 且不同的正整数编码不相同. 例如, $1 = F_2$, 故而编码为 11, $4 = F_2 + F_4$, 故而编码为 1011.

表 3.1 是前 12 个正整数的斐波那契编码.

表 3.1 前 12 个正整数的斐波那契编码

数	齐肯多夫表示	斐波那契密码	隐含概率
1	$F(2)$	11	$\frac{1}{4}$
2	$F(3)$	011	$\frac{1}{8}$
3	$F(4)$	0011	$\frac{1}{16}$
4	$F(2)+F(4)$	1011	$\frac{1}{16}$
5	$F(5)$	00011	$\frac{1}{32}$
6	$F(2)+F(5)$	10011	$\frac{1}{32}$
7	$F(3)+F(5)$	01011	$\frac{1}{32}$
8	$F(6)$	000011	$\frac{1}{64}$
9	$F(2)+F(6)$	100011	$\frac{1}{64}$
10	$F(3)+F(6)$	010011	$\frac{1}{64}$
11	$F(4)+F(6)$	001011	$\frac{1}{64}$
12	$F(2)+F(4)+F(6)$	101011	$\frac{1}{64}$

不难看出, 我们在前面给出的诸多齐肯多夫定理的推广, 也可以成为编码的工具.

3.10 希尔伯特第 10 问题

1900 年, 德国数学家希尔伯特 (David Hilbert, 1862—1943) 在巴黎国际数学家大会上提出了著名的 23 个数学问题, 其中第 10 个问题是丢番图方程可解性的判别. 具体说来,

"给定一个有任意个未知数的、系数为有理数的丢番图方程, 试设计一种方法, 根据这种方法可以通过有限步运算来判别该方程是否有有理整数解."

1970 年, 数学家马基雅谢维奇 (Yuri Matiyasevich, 1947—) 证明了 (逆命题并不成立)

定理 3.7 若 $F_m^2 | F_n$, 则有 $F_m | n$.

例如, $F_4^2 = 9 | F_{12} = 144$, 而 $F_4 = 3 | n (= 12)$; 另一方面, 虽说 $5 | 15$, 但 $F_5^2 = 25 \nmid 610$.

由此出发, 这位 23 岁的圣彼得堡 (时称列宁格勒) 斯捷克洛夫研究所博士生进一步证明了, 偶数项斐波那契序列 $\{F_{2n}\}$ 是丢番图集, 从而证明了 "金发姑娘方程 JR" 的存在性, 即罗宾逊猜想成立, 希尔伯特第 10 问题得到了否定的回答, 这是斐波那契序列的一次重要应用. 值得一提的是, 他的证明也以一种 "很不平凡的方式" 利用了中国剩余定理.

图 3.13 德国数学家希尔伯特   图 3.14 俄国数学家马基雅谢维奇

在马基雅谢维奇之前, 茱莉亚·罗宾逊、戴维斯 (Davis) 和普特南 (Putnan) 三人已经将希尔伯特第 10 问题推进到这样的程度:

1. 所有丢番图集必然是遍历可枚举的;

2. 所有遍历可枚举集都是指数丢番图集;

3. 猜测所有指数丢番图集都是丢番图集 (即存在 "金发姑娘方程 JR", 该猜想被称为罗宾逊猜想).

至此, 丢番图集与遍历可枚举集是等价的, 它也被称为 MRDP 定理, 或马基雅谢维奇定理.

所谓丢番图集 (Diophantine set) 是指这样一个参数集合, 存在一类丢番图方程, 使得它有非负整数解当且仅当其参数属于那个集合. 例如, 素数集是丢番图集. 又如, 佩尔方程

$$x^2 - d(y+1)^2 = 1$$

是带参数的. 当 d 是 0 或非平方数时, 此方程总有非负整数解 x, y. 故而, 此方程生成了丢番图集

$$\{0, 2, 3, 5, 6, 7, 8, 10, 11, 12, \cdots\}.$$

又如, 方程 $a = (2x+3)y$ 有非负整数解当且仅当 a 不是 2 的方幂; $a = (x+2)(y+2)$ 有非负整数解当且仅当 a 是大于 3 的整数且不是素数; $a+x=b$ 有非负整数解当且 $a \leqslant b$.

希尔伯特第 10 问题是连接数论与计算机理论的桥梁. 一般丢番图方程的不可判别性定理是得到别的问题的不可判别性的强有力的工具, 与齐肯多夫定理一样, 它也可以应用于密码学.

1986 年, 马基雅谢维奇和英裔加拿大数学家盖伊 (R. Guy, 1916—2020) 发现并证明了 (Amer. Math. Monthly, 1986, 93(3): 631-535), 圆周率 π 也可以表示为斐波那契数的序列极限, 即

$$\pi = \lim_{n \to \infty} \sqrt{\frac{6 \log F_1 F_2 \cdots F_n}{\log [F_1, F_2, \cdots, F_n]}}.$$

定理 3.7 的证明 首先, 我们用归纳法证明, 对任意正整数 n,

$$F_{kn+r} = \sum_{i=0}^{n} \binom{n}{i} F_{k-1}^{n-i} F_k^i F_{r+i}. \tag{3.18}$$

当 $n = 1$ 时, 上式为 $F_{k+r} = F_{k-1}F_r + F_kF_{r+1}$, 此即 (3.2). 若对 n 时上式成立, 考虑 $n+1$ 的情形, 我们有

$$F_{k(n+1)+r} = F_{kn+k+r} = \sum_{i=0}^{n} \binom{n}{i} F_{k-1}^{n-i} F_k^i F_{k+r+i}$$

$$= \sum_{i=0}^{n} \binom{n}{i} F_{k-1}^{n-i} F_k^i \left(F_k F_{r+i+1} + F_{k-1} F_{r+i} \right)$$

$$= \sum_{i=0}^{n} \binom{n}{i} F_{k-1}^{n-i} F_k^{i+1} F_{r+i+1} + \sum_{i=0}^{n} \binom{n}{i} F_{k-1}^{n-i+1} F_k^i F_{r+i}$$

$$= \sum_{i=1}^{n+1} \binom{n}{i} F_{k-1}^{n-i+1} F_k^i F_{r+i} + \sum_{i=0}^{n} \binom{n}{i} F_{k-1}^{n-i+1} F_k^i F_{r+i}$$

$$= \sum_{i=0}^{n+1} \binom{n+1}{i} F_{k-1}^{n-i+1} F_k^i F_{r+i}$$

此处利用了 (3.2) 和二项式系数的和式 $\binom{n+1}{i} = \binom{n}{i-1} + \binom{n}{i}$. 下面证明定理结论, 在 (3.18) 中令 $m = kn, r = 0$. 假设 $F_k^2 \mid F_m$, 将其代入上述展开式, 可得

$$F_k^2 \mid nF_{k-1}^{n-1}F_k.$$

利用定理 3.4, $(F_{k-1}, F_k) = F_{(k-1,k)} = F_1 = 1$. 由上述整除性可知, $F_k \mid n$, 进而 $F_k \mid m$. 定理 3.7 得证.

第 4 章　卢卡斯数和卢卡斯序列

4.1　卢　卡　斯　数

法国数学家卢卡斯定义了被后人称为卢卡斯数的序列

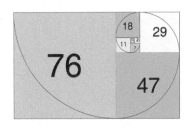

图 4.1　卢卡斯螺旋线

$$L_0 = 2, \quad L_1 = 1, \quad L_n = L_{n-2} + L_{n-1} \ (n \geqslant 2),$$

其中前 12 项 (从第 0 项到第 11 项) 是

$$2, 1, 3, 4, 7, 11, 18, 29, 47, 76, 123, 199.$$

与斐波那契序列一样, 卢卡斯数可以向左延伸并保持递推关系, 即

$$L_{-n} = (-1)^n L_n$$

卢卡斯数与斐波那契数有许多相似和相关的性质, 比如,

$$L_n = F_{n+1} + F_{n-1} = F_{n+2} - F_{n-2},$$
$$5F_n = L_{n+1} + L_{n-1} = \frac{1}{2}(L_{n+3} + L_{n-3}),$$

上述两个公式可用归纳法直接证明. 由此可以推出, 棣莫弗公式与下列卢卡斯数的通项公式是等价的.

$$L_n = \left(\frac{1+\sqrt{5}}{2}\right)^n + \left(\frac{1-\sqrt{5}}{2}\right)^n.$$

事实上, 一方面,

$$L_n = F_{n+1} + F_{n-1} = 2F_{n+1} - F_n$$

$$= \frac{1}{\sqrt{5}} \left\{ 2 \left(\frac{1+\sqrt{5}}{2} \right)^{n+1} - 2 \left(\frac{1-\sqrt{5}}{2} \right)^{n+1} - \left(\frac{1+\sqrt{5}}{2} \right)^n + \left(\frac{1-\sqrt{5}}{2} \right)^n \right\}$$

$$= \left(\frac{1+\sqrt{5}}{2} \right)^n + \left(\frac{1-\sqrt{5}}{2} \right)^n;$$

另一方面, 我们可以反推得到比内公式

$$F_n = \frac{1}{5} \left(L_{n+1} + L_{n-1} \right) = \frac{1}{5} \left(L_n + 2L_{n-1} \right)$$

$$= \frac{1}{5} \left\{ \left(\frac{1+\sqrt{5}}{2} \right)^n + 2 \left(\frac{1+\sqrt{5}}{2} \right)^{n-1} + \left(\frac{1-\sqrt{5}}{2} \right)^n + 2 \left(\frac{1-\sqrt{5}}{2} \right)^{n-1} \right\}$$

$$= \frac{1}{\sqrt{5}} \left\{ \left(\frac{1+\sqrt{5}}{2} \right)^n - \left(\frac{1-\sqrt{5}}{2} \right)^n \right\}.$$

此外, 我们还有以下公式.

$$L_n^2 - L_{n-r}L_{n+r} = (-1)^n 5F_r^2,$$

$$L_{n+i}L_{n+j} - L_n L_{n+i+j} = (-1)^{n-1} 5F_i F_j,$$

$$F_{2n} = F_n L_n, \quad 2F_{m+n} = F_m L_n + F_n L_m, \tag{4.1}$$

$$F_{n+k} + (-1)^k F_{n-k} = L_k F_n,$$

$$L_{n+k} + (-1)^k L_{n-k} = L_n L_k,$$

$$L_{m+n} = L_{m+1}F_n + L_m F_{n-1},$$

$$L_n^2 - 5F_n^2 = (-1)^n 4, \tag{4.2}$$

$$\sum_{i=1}^{k} F_{2i} = F_{2k+1} - F_{-1}, \quad \sum_{i=1}^{k} F_{2i-1} = F_{2k} - F_0,$$

$$\sum_{i=1}^{k} L_{2i} = L_{2k+1} - L_{-1}, \quad \sum_{i=1}^{k} L_{2i-1} = L_{2k} - L_0, \tag{4.3}$$

$$\sum_{i=0}^{k} (-1)^i F_{2i+1} = (-1)^k F_{k+1}^2,$$

$$\sum_{i=0}^{k}(-1)^{[\frac{i+1}{2}]}F_{3i+2}=(-1)^{[\frac{k+1}{2}]}F_{[\frac{3k+1}{2}]}^{2},$$

$$\sum_{i=0}^{k}(-1)^{i}L_{2i+1}=(-1)^{k}F_{2k+2},$$

$$\sum_{i=0}^{k}(-1)^{[\frac{i+1}{2}]}L_{3i+2}=(-1)^{[\frac{k+1}{2}]}F_{2[\frac{3k+4}{2}]},$$

$$\sum_{i=1}^{k}L_{i}^{2}=L_{2k+1}-L_{0}+(-1)^{k},$$

$$\sum_{i=0}^{k}\binom{k}{i}F_{i}=F_{2k},\quad \sum_{i=0}^{k}\binom{k}{i}2^{i}F_{i}=F_{3k},$$

$$\sum_{i=0}^{k}\binom{k}{i}L_{i}=L_{2k},\quad \sum_{i=0}^{k}\binom{k}{i}2^{i}L_{i}=L_{3k},$$

$$\frac{L_n}{F_n}\to\sqrt{5}\ (n\to\infty),\quad \frac{L_{n+1}}{L_n}\to\frac{\sqrt{5}-1}{2}\ (n\to\infty).$$

此外, 我们还可以证得, 对于任意非负整数 $0\leqslant j\leqslant3$, 恒有

$$\sum_{i=1}^{k}F_{4i-j}=F_{2k}F_{2k-j+2},$$

$$\sum_{i=1}^{k}L_{4i-j}=F_{4k-j+1}-F_{-j+1}.$$

当然, 也有形式差异较大的, 例如,

$$F_n^2-F_{n-2}^2=F_{2n-2},\quad L_n^2-L_{2n}=(-1)^n2.$$

由公式 (4.3), 并模仿斐波那契数的齐肯多夫定理, 可以证得:

定理 4.1 每一个正整数均为唯一表示成不相邻的卢卡斯数之和, 其中 $L_0=2$ 和 $L_2=3$ 不同时出现.

相对于斐波那契数的整除性质, 对于卢卡斯数也有类似的性质, 但它并非可整除序列, 而是满足下列整除性质: 若 $m|n$, 则有

$$L_m \mid L_n, \quad 若 \frac{n}{m} \equiv 1 (\text{mod } 2);$$

$$L_m \mid L_n - 2, \quad 若 \frac{n}{m} \equiv 0 (\text{mod } 4);$$

$$L_m \mid L_n + 2(-1)^m, \quad 若 \frac{n}{m} \equiv 2 (\text{mod } 4).$$

其中, 第一个结果是由美国数学家卡里茨 (Leonard Carlitz, 1907—1999) 在 1964 年首先得到的(The Fibonacci Quarterly, 1964, 1(2): 15-28), 即若 $m|n$, 则 $L_m|L_n$ 当且仅当 $\frac{n}{m}$ 为奇数.

例如, $L_4 = 7 \mid L_{12} = 322$, $\quad L_4 = 7|L_8 = 47$. 此外, 我们还可得到

$$L_m \mid L_{n\pm1} \mp L_1, \quad 若 \frac{n}{m} \equiv 0 (\text{mod } 4);$$

$$L_m \mid L_{n\pm1} + L_{m-2}, \quad 若 \frac{n}{m} \equiv 1 (\text{mod } 4);$$

$$L_m \mid L_{n\pm1} \pm (-1)^m L_1, \quad 若 \frac{n}{m} \equiv 2 (\text{mod } 4);$$

$$L_m \mid L_{n\pm1} + (-1)^{m-1} L_{m-2}, \quad 若 \frac{n}{m} \equiv 3 (\text{mod } 4);$$

$$L_m \mid L_{n\pm2} - L_2, \quad 若 \frac{n}{m} \equiv 0 (\text{mod } 4);$$

$$L_m \mid L_{n\pm2} \pm L_{m-2}, \quad 若 \frac{n}{m} \equiv 1 (\text{mod } 4);$$

$$L_m \mid L_{n\pm2} + (-1)^m L_2, \quad 若 \frac{n}{m} \equiv 2 (\text{mod } 4);$$

$$L_m \mid L_{n\pm2} + (-1)^{m-1} L_{m-2}, \quad 若 \frac{n}{m} \equiv 3 (\text{mod } 4);$$

$$L_m \mid L_{n\pm3} \mp L_3, \quad 若 \frac{n}{m} \equiv 0 (\text{mod } 4);$$

$$L_m \mid L_{n\pm3} - L_{m-3}, \quad 若 \frac{n}{m} \equiv 1 (\text{mod } 4);$$

$$L_m \mid L_{n\pm3} \pm (-1)^m L_3, \quad 若 \frac{n}{m} \equiv 2 (\text{mod } 4);$$

$$L_m \mid L_{n\pm3} + (-1)^{m-1}L_{m-3}, \quad 若 \frac{n}{m} \equiv 3 (\text{mod } 4);$$

$$L_m \mid L_{n\pm4} - L_4, \quad 若 \frac{n}{m} \equiv 0 (\text{mod } 4);$$

$$L_m \mid L_{n\pm4} \pm L_{m-4}, \quad 若 \frac{n}{m} \equiv 1 (\text{mod } 4);$$

$$L_m \mid L_{n\pm4} + (-1)^m L_4, \quad 若 \frac{n}{m} \equiv 2 (\text{mod } 4);$$

$$L_m \mid L_{n\pm4} + (-1)^{m-1}L_{m-4}, \quad 若 \frac{n}{m} \equiv 3 (\text{mod } 4).$$

有限域上的例外多项式的次数分类有个卡里茨–万猜想, 这个猜想的一般形式是由由万大庆提出的 (1993), 尔后由 Hendrik Lenstra 证明的 (1995). 1964 年, 卡里茨还证明了:

定理 4.2 $L_m|F_n$ 当且仅当 $2m|n$.

我们发现, 可以将这个结果做以下改进.

定理 4.3 设 m 为正整数, 若 k 为奇数, 则有

$$F_{2kn-2} \equiv (-1)^n \, (\text{mod } L_n), \quad F_{2kn-1} \equiv (-1)^{n-1} \, (\text{mod } L_n),$$

而若 k 为偶数, 则有

$$F_{2kn-2} \equiv -1 \, (\text{mod } L_n), \quad F_{2kn-1} \equiv 1 \, (\text{mod } L_n).$$

由斐波那契数的递推公式, 即知定理 4.2 是定理 4.3 的推论. 定理 4.3 可由文献 [11] 中的定理 3.2.13 推出.

仿照斐波那契数的 G_n 数序列, 我们也定义卢卡斯数的 M_n 数序列如下,

$$M_0 = 3, \quad M_1 = M_2 = 1, \quad M_n = M_{n-1} + M_{n-3} \ (n \geqslant 3),$$

即 3,1,1,4,5,6,10,15,21,31,46,67,98,144,211,309,453,⋯.

利用归纳法, 我们不难证明

$$\sum_{i=0}^{n} M_i = M_{n+3} - 1,$$

$$\sum_{i=0}^{n} M_{3i+1} = M_{3n+2},$$

$$\sum_{i=0}^{n} M_{3i+2} = M_{3n+3} - 3,$$

$$\sum_{i=0}^{n} M_{3i} = M_{3n+1} + 2.$$

有了 M_n, 我们可以给出 G_{-n} 的表达式.

定理 4.4　对任意非负整数 n, 我们有

(i) $G_{-n} = G_{2n} - G_n M_n$.

(ii) $M_{-n} = \dfrac{1}{2} \{M_n^2 - M_{2n}\}$.

证　我们利用 3.8 节的符号, 首先由韦达公式, $\alpha+\beta+\gamma = 1, \alpha\beta+\beta\gamma+\gamma\alpha = 0$, $\alpha\beta\gamma = 1$, 且 $G_0 = A + B + C$. 由递推关系知, M_n 的特征方程与 G_n 的一样, 均为 $x^3 - x^2 - 1 = 0$, 因此可以假设 $M_n = C_1\alpha^n + C_2\beta^n + C_3\gamma^n$, 由 M_n 的初始条件, 我们有

$$\begin{pmatrix} 1 & 1 & 1 \\ \alpha & \beta & \gamma \\ \alpha^2 & \beta^2 & \gamma^2 \end{pmatrix} \begin{pmatrix} C_1 \\ C_2 \\ C_3 \end{pmatrix} = \begin{pmatrix} 3 \\ 1 \\ 1 \end{pmatrix}.$$

由于特征方程没有重根, 故而上式左边的三阶矩阵的行列式值非零, 有唯一的解, 也即

$$\begin{pmatrix} C_1 \\ C_2 \\ C_3 \end{pmatrix} = \begin{pmatrix} 1 \\ 1 \\ 1 \end{pmatrix},$$

从而 $M_n = \alpha^n + \beta^n + \gamma^n$. 再利用通项公式, 可得

$$G_{2n} - G_n M_n = A\alpha^{2n} + B\beta^{2n} + C\gamma^{2n} - (A\alpha^n + B\beta^n + C\gamma^n)(\alpha^n + \beta^n + \gamma^n)$$

$$= -(A+B)(\alpha\beta)^n - (B+C)(\beta\gamma)^n - (C+A)(\gamma\alpha)^n$$

$$= A\alpha^{-n} + B\beta^{-n} + C\gamma^{-n} = G_{-n}.$$

(i) 得证. 下证 (ii),

$$
\begin{aligned}
M_n^2 - M_{2n} &= (\alpha^n + \beta^n + \gamma^n)^2 - (\alpha^{2n} + \beta^{2n} + \gamma^{2n}) \\
&= 2\{(\alpha\beta)^n + (\beta\gamma)^n + (\gamma\alpha)^n\} \\
&= 2\{\alpha^{-p} + \beta^{-p} + \gamma^{-p}\} \\
&= 2M_{-n}.
\end{aligned}
$$

我们有以下猜想

猜想 4.1 $G_n = 0$ 当且仅当 $n = 0, -1, -3, -8$.

猜测 4.2 $M_n = 0$ 当且仅当 $n = -1, -11$.

由定理 4.4, 上述两个猜想分别等价于: $G_{2n} = G_n M_n$ 当且仅当 $n = 0, -1, -3,$ -8, $M_{2n} = M_n^2$ 当且仅当 $n = -1, -11$.

最后, 我们把 3.5 节末的三阶行列式做以下推广:

定理 4.5 对任意的非负整数 i, j, k 和 m, n, 恒有

$$
\begin{vmatrix}
F_i & F_{i+m} & F_{i+n} \\
F_j & F_{j+m} & F_{j+n} \\
F_k & F_{k+m} & F_{k+n}
\end{vmatrix} = 0.
$$

若是用卢卡斯数代替斐波那契数, 上述结论同样成立.

4.2 斐波那契数的判定

由棣莫弗公式可以推得, 一个正整数 x 是斐波那契数, 当且仅当 $5x^2 + 4$ 和 $5x^2 - 4$ 中, 至少有一个为平方数. 事实上,

$$n = \log_\varphi \frac{F_n \sqrt{5} + \sqrt{5F_n^2 \pm 4}}{2},$$

要使 n 为整数, 后面根号里的式子必须为平方数.

有几个有关奇素数模的著名而有趣的同余式 (第二个同余式对有些合数也成立),

$$F_p \equiv \left(\frac{p}{5}\right)(\mathrm{mod}\, p), \quad L_p \equiv 1(\mathrm{mod}\, p), \quad F_{p-\left(\frac{p}{5}\right)} \equiv 0(\mathrm{mod}\, p), \qquad (4.4)$$

这里 $\left(\frac{p}{5}\right)$ 是二次剩余里的勒让德符号, 满足

$$\left(\frac{p}{5}\right) = \begin{cases} 0, & \text{若} p = 5, \\ 1, & \text{若} p \equiv \pm 1 (\mathrm{mod}\ 5), \\ -1, & \text{若} p \equiv \pm 2 (\mathrm{mod}\ 5). \end{cases}$$

由 (4.4) 和卢卡斯定理可以推出下列定理.

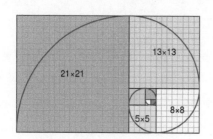

图 4.2 斐波那契螺旋线

定理 4.6 设素数 p 的第一个斐波那契数倍数为 F_n, 则 $p \equiv \left(\frac{p}{5}\right)(\mathrm{mod}\ n)$. 特别地, 若 $p = F_q$ 为斐波那契素数, 则 q 为素数且 $p \equiv \left(\frac{p}{5}\right)(\mathrm{mod}\ q)$.

证 设 p 是素数, n 是最小的正整数, 使得 $p|F_n$, 若 $p|F_m, n\nmid m$, 则由定理 3.4 可知, $p|F_{(m,n)}, (m,n) < n$. 矛盾! 故必 $n|m$, 由 (4.4) 即得到定理结论.

1992 年, 孙智宏和孙智伟 (Fibonacci numbers and Fermat's last theorem, Acta Arith., 1992, 60(4): 371-388) 证明了下列定理.

定理 4.7 若素数 $p \equiv 1(\mathrm{mod}\ 4)$, $p > 5$, 则

$$F_{\left(p-\left(\frac{p}{5}\right)\right)/2} \equiv 0(\mathrm{mod}\ p);$$

又若素数 $p \equiv 3(\mathrm{mod}\ 4)$, 则

$$L_{\left(p-\left(\frac{p}{5}\right)\right)/2} \equiv 0(\mathrm{mod}\ p).$$

考虑 $p \equiv 1(\mathrm{mod}\ 4)$ 的情形, 显然只有当 $p \equiv 1$ 或 $9(\mathrm{mod}\ 20)$ 时, $\dfrac{p - \left(\frac{p}{5}\right)}{4}$ 为

整数. 孙氏兄弟还证明了: 若 $p \equiv 1, 9 (\mathrm{mod}\ 20)$, $p = x^2 + 5y^2$, x 和 y 是整数, 则

$$p | F_{\frac{(p-1)}{4}} \Leftrightarrow 4 | xy. \tag{4.5}$$

定理 4.7 的第二个同余式说明了, 对于素数 $p \equiv 3 (\mathrm{mod}\ 4)$, 必定有卢卡斯数是其倍数. 我们要指出, 对于某些 $p \equiv 1 (\mathrm{mod}\ 4)$, 也有卢卡斯数是其倍数, 例如, $L_7 = 29$, $L_{10} = 3 \times 41$. 值得一提的还有 $\dfrac{p - \left(\frac{p}{5}\right)}{2}$ 并非总是最小的下标满足上述同余式. 例如, $L_8 = 47$.

关于 (4.5), 我们首先指出, 在同一个假设下, 即若 $p \equiv 1, 9 (\mathrm{mod}\ 20)$, $p = x^2 + 5y^2$, x 和 y 是整数, 也有

$$p | L_{\frac{(p-1)}{4}} \Leftrightarrow 4 \nmid xy.$$

进一步, 我们有以下定理.

定理 4.8 若素数 $p \equiv 17, 23 (\mathrm{mod}\ 30)$, $p = 3x^2 + 5y^2$, 其中 x 和 y 是整数, 则有

$$p | F_{\frac{(p-1)}{6}} \Leftrightarrow 6 | xy,$$

$$p | L_{\frac{(p-1)}{6}} \Leftrightarrow 6 \nmid xy.$$

最后, 我们提出以下两个猜想.

猜想 4.3 设 p 是奇素数, n 是最小的正整数, 使得 $p | F_n$, 则

$$\frac{p - \left(\frac{p}{5}\right)}{n} \equiv \begin{cases} 0 \quad (\mathrm{mod}\ 2) \ \text{若}\ p \neq 5,\ p \equiv 1 (\mathrm{mod}\ 4), \\ 1 \quad (\mathrm{mod}\ 2) \ \text{若}\ p = 5\ \text{或}\ p \equiv 3 (\mathrm{mod}\ 4) \end{cases}$$

猜想 4.4 若 p 是奇素数, n 是最小的正整数, 使得 $p | L_n$, 则

$$\frac{p - \left(\frac{p}{5}\right)}{2n} \equiv \begin{cases} 0 \quad (\mathrm{mod}\ 2) \ \text{若}\ p \equiv 1 (\mathrm{mod}\ 4), \\ 1 \quad (\mathrm{mod}\ 2) \ \text{若}\ p \equiv 3 (\mathrm{mod}\ 4). \end{cases}$$

4.3 斐波那契数的素因子

上节的式 (4.4) 表明, 每个素数 p 均整除某个斐波那契数. 设 $\{p, p+2\}$ 是一对孪生素数, 是否存在正整数 n, 使得

$$p(p+2) \mid F_n.$$

特别地, 有哪些奇素数 p, 满足

$$p(p+2) | F_{p+1}.$$

例如,

$$F_{18} = 2584 = 2^3 \times 17 \times 19.$$

图 4.3 法国数学家费尔马

(4.4) 的证明 当 $p = 2$ 或 5 时, (4.4) 显然成立. 下设 $p \neq 2$ 或 5, 由棣莫弗公式,

$$2^{n-1} F_n = n + \binom{n}{3} 5 + \binom{n}{5} 5^2 + \cdots, \quad (4.6)$$

其中最后一项当 n 为奇数时为 $5^{\frac{1}{2}(n-1)}$, 当 n 是偶数时为 $n5^{\frac{1}{2}n-1}$. 取 $n = p$, 由著名的费尔马小定理和二次剩余的欧拉引理,

$$2^{p-1} \equiv 1 (\mathrm{mod}\ p),$$

$$5^{\frac{1}{2}(p-1)} \equiv \left(\frac{5}{p}\right) (\mathrm{mod}\ p).$$

注意到上述式子中的二项式系数除了末项是 1, 其余均为 p 的倍数, 故而,

$$F_p \equiv \left(\frac{5}{p}\right) = \pm 1 (\mathrm{mod}\ p).$$

再由卡西尼恒等式, 可得

$$F_{p-1} F_{p+1} \equiv 0 (\mathrm{mod}\ p).$$

因为 $(p-1, p+1) = 2$, 由卢卡斯公式 (3.6),

$$(F_{p-1}, F_{p+1}) = F_2 = 1,$$

所以, p 能且只能整除 F_{p-1} 或 F_{p+1} 中的一个.

下面来确定具体是哪个, 在 (4.6) 中取 $n = p+1$, 则除了第一项和最后一项, 其余各项均被 p 整除, 故而,

$$2^p F_{p+1} \equiv 1 + \left(\frac{5}{p}\right) \pmod{p}.$$

从而, $F_{p+1} \equiv 0 \pmod{p}$, 若 $\left(\frac{5}{p}\right) = -1$; 而若 $\left(\frac{5}{p}\right) = 1$, 则 $F_{p-1} \equiv 0 \pmod{p}$. (4.4) 得证.

另外, 对于素数 $p \neq 5$, 我们有

$$L_{p-\left(\frac{p}{5}\right)} \equiv 2\left(\frac{p}{5}\right) \pmod{p}, \quad L_{p+\left(\frac{p}{5}\right)} \equiv 3\left(\frac{p}{5}\right) \pmod{p}, \tag{4.7}$$

其中第一个同余式可参见 [8].

下面我们给出卢卡斯定理的另一个证明:

首先, 由递推公式和 (4.2) 易知, $(F_n, F_{n+1}) = (L_n, L_{n+1}) = 1$, F_n 和 L_n 的奇偶性相同, 且 $(F_n, L_n) = 1$ 或 2.

下证对任意整数 r, $F_n | F_{nr}$, 先考虑 r 是正整数的情形. 用归纳法, 假设对于 $r = 1, 2, r-1$ 均成立, 由 (4.1),

$$2F_{rn} = F_n L_{(r-1)n} + F_{(r-1)n} L_n.$$

若 F_n 是奇数, 则由归纳假设知, $F_n | F_{nr}$; 若 F_n 是偶数, 则由前面分析和归纳假设, $L_n, L_{(r-1)n}$ 和 $F_{(r-1)n}$ 均为偶数, 故而也有 $F_n | F_{nr}$. 再由, $F_{-n} = (-1)^{n-1} F_n$ 知, $F_n | F_{nr}$ 对于任意整数 r 也成立.

现在来证明 (3.9). 设 $(m, n) = d$, 由初等数论的整除性质 (可由欧几里得算法证明), 存在整数 r 和 s, 满足

$$rm + sn = d.$$

由 (4.1), 我们有

$$2F_d = F_{rm}L_{sn} + F_{sn}L_{rm}.$$

令 $h = (F_m, F_n)$, 由上式有 $h|F_{rm}$, $h|F_{sn}$, 故而 $h|2F_d$. 若 h 是奇数, 则 $h|F_d$; 若 h 是偶数, 则 F_m 和 F_n 均为偶数, 从而 F_{rm}, F_{sn}, L_{rm} 和 L_{sn} 也均为偶数, 故 而 $h|F_d$ 仍成立.

另一方面, $F_d|F_m$, $F_d|F_n$, 故而 $F_d|h$. 因此 $(F_m, F_n) = F_{(m,n)}$, (3.9) 得证.

4.4   斐波那契数的同余式

众所周知, 斐波那契数和卢卡斯数满足下列同余式 [8]:

$$F_p \equiv \left(\frac{5}{p}\right)(\bmod\ p), \quad F_{p-\left(\frac{5}{p}\right)} \equiv 0(\bmod\ p), \tag{4.8}$$

$$L_p \equiv 1(\bmod\ p), \quad L_{p-\left(\frac{p}{5}\right)} \equiv 2\left(\frac{5}{p}\right)(\bmod\ p), \tag{4.9}$$

我们观察到, 此类同余式可以利用加法公式推广, 即对任意整数 i,

$$F_{p-i\left(\frac{p}{5}\right)} \equiv \begin{cases} -F_{i-1}(\bmod\ p), & \text{若 } i \text{ 奇}, \\ F_{i-1}\left(\frac{5}{p}\right)(\bmod\ p), & \text{若 } i \text{ 偶}; \end{cases} \tag{4.10}$$

$$F_{p-i\left(\frac{p}{5}\right)} \equiv \begin{cases} L_{i-1}\left(\frac{5}{p}\right)(\bmod\ p), & \text{若 } i \text{ 奇}, \\ -L_{i-1}(\bmod\ p), & \text{若 } i \text{ 偶}. \end{cases} \tag{4.11}$$

当 i 取 0 或 1 时, 上述两式分别为 (4.8) 和 (4.9). 值得注意的是, (4.10) 中, $p = 5$ 时, 若 i 为奇数, 则 i 取 1; (4.11) 中, $p = 5$ 只对偶数 i 成立, 且此时 i 取 0.

另一方面, 对任意素数 $p \neq 5$, 我们有 [8]

$$F_{n+p-\left(\frac{p}{5}\right)} \equiv \left(\frac{5}{p}\right)F_n(\bmod\ p),$$

$$L_{n+p-\left(\frac{p}{5}\right)} \equiv \left(\frac{5}{p}\right)F_n(\bmod\ p). \tag{4.12}$$

我们改进上述同余式, 使对任意素数 $p \neq 5, p < 50$ 均能得到一个相应的恒等式,

$$F_{n+3} + F_n = 2F_{n+2},$$

$$F_{n+4} + F_n = 3F_{n+2},$$

$$F_{n+8} + F_n = 7F_{n+4},$$

$$F_{n+10} - F_n = 11F_{n+5},$$

$$F_{n+14} + F_n = 13\left(F_{n+8} + F_{n+6}\right),$$

$$F_{n+18} + F_n = 17\left(F_{n+12} + F_{n+6}\right),$$

$$F_{n+18} - F_n = 19\left(F_{n+12} - F_{n+6}\right),$$

$$F_{n+24} + F_n = 23\left\{\left(F_{n+17} - F_{n+7}\right) + \left(F_{n+14} + F_{10}\right)\right\}$$
$$= 23\left\{2\left(F_{n+16} + F_{n+8}\right)\right\},$$

$$F_{n+28} - F_n = 29\left(F_{n+22} - F_{n+16}\right),$$

$$F_{n+30} - F_n = 31\left\{\left(F_{n+23} + F_{n+7}\right) - \left(F_{n+17} + F_{n+13}\right)\right\}$$
$$= 31\left\{4\left(F_{n+20} - F_{n+10}\right)\right\},$$

$$F_{n+38} + F_n = 37\left\{\left(F_{n+23} - F_{n+15}\right) + \left(F_{n+27} - F_{n+11}\right)\right\},$$

$$F_{n+40} - F_n = 41\left\{\left(F_{n+28} - F_{n+12}\right) + \left(F_{n+32} - F_{n+8}\right)\right\},$$

$$F_{n+44} + F_n = 43\left\{\left(F_{n+36} + F_{n+8}\right) + \left(F_{n+31} - F_{n+13}\right) + 2F_{n+22}\right\},$$

$$F_{n+48} + F_n = 47\left\{\left(F_{n+40} + F_{n+8}\right) - F_{n+24}\right\}.$$

图 4.4 斐波那契《算盘书》里的一页

上述恒等式可以利用归纳法逐一证明. 由于每个正整数均可唯一表示成不相邻的卢卡斯数之和, 而卢卡斯数又满足

$$L_n = F_{n+1} + F_{n-1}$$

再利用斐波那契数的递推公式和同余式 (4.12), 可知对任意素数 $p \neq 5$, 对应于卢卡斯数和卢卡斯序列 (参见 4.9 节), 我们可以得到相同或相似的恒等式.

4.5　一个广义的同余式

1963 年, J. A. Maxwell (The Fibonacci Quarterly, 1963, 1(1): 75) 注意到了下列同余式: 对于任何非负整数 n,

$$F_{n+1}2^n + F_n 2^{n+1} \equiv 1 (\mathrm{mod}\ 5),$$

$$F_{n+1}3^n + F_n 3^{n+1} \equiv 1 (\mathrm{mod}\ 11),$$

$$F_{n+1}5^n + F_n 5^{n+1} \equiv 1 (\mathrm{mod}\ 29).$$

这类同余式的推广是: 对于任何素数 p 和非负整数 n,

$$F_{n+1}p^n + F_n p^{n+1} \equiv 1 \left(\mathrm{mod}\ p^2 + p - 1\right).$$

事实是, 若对于任意整数 a 和 b, 定义广义斐波那契数 $\{J_n\}$ 如下:

$$J_1 = a, \quad J_2 = b, \quad J_n = J_{n-1} + J_{n-2}, \quad n \geqslant 3.$$

则当 $a = b = 1$ 时, $J_n = F_n$; 而当 $a = 1, b = 3$ 时, $J_n = L_n$. 一般地, 数列 $\{J_n\}$ 为

$$a, b, a + b, a + 2b, 2a + 3b, 3a + 5b, \cdots.$$

可用归纳法证明, a 和 b 的系数为斐波那契数, 即 $J_n = aF_{n-2} + bF_{n-1}(n \geqslant 3)$.

更一般地, 我们有

$$J_{m+n} = J_{m+1}F_n + J_n F_{n-1}$$

这是 (4.1) 第 6 式的形式.

1999 年, Thomas Koshy 证明了下列两个定理.

定理 4.9 设 m 和 n 是非负整数, 则

$$J_{n+1}m^n + J_n m^{n+1} \equiv a(1-m) + bm \,(\mathrm{mod}\ m^2 + m - 1).$$

证 我们对 n 用归纳法来证明, 当 $n = 0$ 时,

$$J_1 m^0 + J_0 m = a + (b-a)m \equiv a(1-m) + bm \,(\mathrm{mod}\ m^2 + m - 1);$$

当 $n = 1$ 时,

$$J_2 m + J_1 m^2 = bm + am^2 \equiv a(1-m) + bm \,(\mathrm{mod}\ m^2 + m - 1).$$

设对于 $i, 0 \leqslant i \leqslant k, k \geqslant 1$, 定理 4.9 成立, 即有

$$J_k m^{k-1} + J_{k-1}m^k \equiv a(1-m) + bm \,(\mathrm{mod}\ m^2 + m - 1),$$
$$J_{k+1}m^k + J_k m^{k+1} \equiv a(1-m) + bm \,(\mathrm{mod}\ m^2 + m - 1),$$

则

$$
\begin{aligned}
J_{k+2}m^{k+1} + J_{k+1}m^{k+2} &= (J_k + J_{k+1})\, m^{k+1} + (J_{k-1} + J_k)\, m^{k+2} \\
&= m \left(J_{k+1}m^k + J_k m^{k+1}\right) + m^2 \left(J_k m^{k-1} + J_{k-1}m^k\right) \\
&\equiv m\{a(1-m) + bm\} + m^2\{a(1-m) + bm\} \\
&\equiv \left(m + m^2\right) \{a(1-m) + bm\} \\
&\equiv \{a(1-m) + bm\} \,(\mathrm{mod}\ m^2 + m - 1).
\end{aligned}
$$

定理 4.9 得证.

推论 4.1 对任意正整数 m 和任意的非负整数 n, 恒有

$$F_{n+1}m^n + F_n m^{n+1} \equiv 1 \,(\mathrm{mod}\ m^2 + m - 1),$$
$$L_{n+1}m^n + L_n m^{n+1} \equiv 1 + 2m \,(\mathrm{mod}\ m^2 + m - 1).$$

定理 4.10 设 $m \geqslant 2, n \geqslant 0$, 则

$$F_{n-1} - mF_n \equiv (-1)^n m^n \,(\mathrm{mod}\ m^2 + m - 1).$$

证 对 n 用归纳法. 当 $n = 0$ 时, 我们有

$$F_{-1} - mF_0 = 1 - 0 = 1 \equiv (-1)^0 m^0 \left(\mathrm{mod}\, m^2 + m - 1\right).$$

当 $n = 1$ 时, 我们有

$$F_0 - mF_1 = 0 - m \equiv (-1)^1 m^1 \left(\mathrm{mod}\, m^2 + m - 1\right).$$

假设对于 $k \geqslant 2$, 每个小于等于 k 的非负整数定理 4.10 均成立, 则有

$$\begin{aligned}
F_k - mF_{k+1} &= (F_{k-2} + F_{k-1}) - m\left(F_{k-1} + F_k\right) \\
&= (F_{k-2} - mF_{k-1}) + (F_{k-1} - mF_k) \\
&\equiv (-1)^{k-1} m^{k-1} + (-1)^k m^k \\
&\equiv (-1)^{k-1} m^{k-1}(1 - m) \equiv (-1)^{k-1} m^{k-1} m^2 \\
&\equiv (-1)^{k+1} m^{k+1} \left(\mathrm{mod}\, m^2 + m - 1\right).
\end{aligned}$$

定理 4.10 得证.

遗憾的是, 定理 4.10 对卢卡斯数没有相应的结果. 但是, 利用定理 4.10, 我们可以得到下列推论.

推论 4.2

$$L_n \equiv (-1)^n 2^{n+1} \equiv 2 \cdot 3^n (\mathrm{mod}\, 5).$$

这是因为由定理 4.10, 有

$$L_n = F_n + F_{n+1} \equiv 2F_{n+1} - F_n = -\left(F_n - 2F_{n+1}\right) \equiv (-1)^n 2^{n+1}(\mathrm{mod}\, 5).$$

推论 4.3 对任意非负整数 n,

$$L_{4n} \equiv 2(\mathrm{mod}\, 5), \quad L_{4n+1} \equiv 1(\mathrm{mod}\, 5),$$
$$L_{4n+2} \equiv 3(\mathrm{mod}\, 5), \quad L_{4n+3} \equiv 4(\mathrm{mod}\, 5),$$

4.6　Narayana 序列的同余式

我们曾在 3.2 节给出 Narayana 奶牛序列的定义, 并在 4.1 节给出 G_{-n} 的表达式, 即 $G_{-n} = G_{2n} - G_n M_n$. 这里首先要指出, 利用 3.8 节那 15 个恒等式中右

式系数为 ±1 的 6 个, 我们可以得到 G_{-n} 的另外 6 个表达式, 与 M_n 无关, 即

$$G_{-n} = G_n G_{n-4} - G_{n-1} G_{n-3},$$

$$G_{-n} = G_{n-1} G_{n-4} - G_{n-2} G_{n-3},$$

$$G_{-n} = G_{n-3} G_{n-4} - G_{n-1} G_{n-6},$$

$$G_{-n} = G_{n-4} G_{n-8} - G_{n-3} G_{n-9},$$

$$G_{-n} = G_{n-6} G_{n-8} - G_{n-3} G_{n-11},$$

$$G_{-n} = G_{n-4} G_{n-11} - G_{n-6} G_{n-9}.$$

此外, 利用奶牛序列的递推定义不难证明卡西尼恒等式的推广

$$G_{-n-1} = G_{n-1} G_{n+1} - G_n^2$$

$$G_{-n-3} = G_{n-1} G_{n+2} - G_n G_{n+1}$$

下面我们给出有关 G_n 或 M_n 的几个同余式和恒等式, 它们是在我们 2020 年秋季和 2021 年春节讨论班上得到的, 汪小俞、陈咏和沈忠燕做出了贡献, 特别地, 得到了类似于瓦伊达恒等式的结果. 为此, 我们需要几个引理.

引理 4.1 对于 F_n 和 G_n, 我们有

$$F_{pn} = \sum_{i=0}^{p} C_p^i F_{p(n-1)-i}, \quad G_{pn} = \sum_{i=0}^{p} C_p^i G_{p(n-1)-2i},$$

此处 C_p^i 是二项式系数.

引理 4.1 可反复利用递推公式和组合数公式 $C_j^i + C_{j+1}^i = C_{j+1}^{i+1}$ 证明. 利用引理 4.1, 同时注意到, 当 $1 \leqslant i \leqslant p-1$ 时, $p | C_p^i$, 即可证明下列定理.

定理 4.11 对于任何整数 n 和素数 p, 我们有

$$G_{pn} \equiv G_{p(n-1)} + G_{p(n-3)} (\mathrm{mod} p).$$

利用定理 4.10, 对 n 用归纳法, 可得

定理 4.12 对于任意整数 n 和素数 p,

$$F_{pn} \equiv F_p F_n (\mathrm{mod} p),$$

$$G_{pn} \equiv G_p G_n + (G_{2p} - G_p) G_{n-1} (\mathrm{mod} p).$$

定理 4.13　对于任何素数 p, 我们有

$$M_p \equiv 1(\text{mod}p), \quad M_{2p} \equiv 1(\text{mod}p), \quad M_{-p} \equiv 0(\text{mod}p).$$

证　由韦达公式, $\alpha+\beta+\gamma=1, \alpha\beta+\beta\gamma+\gamma\alpha=0, \alpha\beta\gamma=1$, 故而

$$1 = (\alpha+\beta+\gamma)^p = \sum_{i+j+k=p,i,j,k\geqslant 0} \frac{p!}{i!j!k!}\alpha^i\beta^j\gamma^k$$

$$= \alpha^p + \beta^p + \gamma^p + p\sum_{i+j+k=p,p>i,j,k\geqslant 0} \frac{(p-1)!}{i!j!k!}\alpha^i\beta^j\gamma^k.$$

此处右式求和的系数为整数, 由对称多项式基本定理, 上述和式可写成 $\alpha+\beta+\gamma, \alpha\beta+\beta\gamma+\gamma\alpha$ 和 $\alpha\beta\gamma$ 的整系数多项式, 这三者本身又为整数, 故而和式也必为整数. 由此可知

$$1 \equiv (\alpha+\beta+\gamma)^p = M_p(\text{mod}p).$$

类似可证 $M_{2p} \equiv 1(\text{mod}p)$, 下证 $M_{-p} \equiv 0(\text{mod}p)$. 注意到

$$M_{-p} = \alpha^{-p} + \beta^{-p} + \gamma^{-p} = (\alpha\beta)^p + (\beta\gamma)^p + (\gamma\alpha)^p$$

$$= (\alpha\beta+\beta\gamma+\gamma\alpha)^p - pf(\alpha,\beta,\gamma)$$

$$\equiv pf(\alpha,\beta,\gamma)(\text{mod}p),$$

这里 $f(\alpha,\beta,\gamma)$ 是整系数多项式, 故而 $M_{-p} \equiv 0(\text{mod}p)$. 定理 4.13 得证.

由定理 4.4、定理 4.12 第二式和定理 4.13, 即可得

定理 4.14　对于任意整数 n 和素数 p, 我们有

$$G_{pn} \equiv G_p G_n + G_{-p} G_{n-1}(\text{mod}p);$$

另一方面, 由归纳法容易证得

$$M_n = G_n + 3G_{n-2}$$

由此, 再注意到 G_n 关于 3 的皮萨罗周期为 8, 对 k 用归纳法, 可得

定理 4.15　设 $k \geqslant 1$, 若 $n \equiv -1,1,2 \,(\text{mod}3^{k-1}8)$, 则有

$$M_n \equiv G_n \,(\text{mod}3^{k+1}).$$

为证明 Narayana 奶牛序列的瓦伊达恒等式, 我们需要相应的加法公式, 即

$$G_{m+n} = G_{m+1}G_{n+1} + G_{m-1}G_{n-1} - G_{m-2}G_{n-2},$$

任给整数 m, 我们可以对 n 用归纳法证明.

由此我们可以把瓦伊达恒等式推广到 Narayana 奶牛序列, 即

$$G_{n+i}G_{n+j} - G_nG_{n+i+j} = G_iG_jG_{-n-2} - (G_iG_{j-1} + G_{i-1}G_j)G_{-n-1} + G_{i-1}G_{j-1}G_{-n}.$$

利用生成函数的技巧, 我们还得到了下列恒等式

$$G_{3n} = \sum_{k=0}^{n} \binom{n}{k} G_{2k};$$

$$(-1)^n G_{2n} = \sum_{k=0}^{n} \binom{n}{k} (-1)^k G_{2k};$$

$$G_n = \sum_{k=0}^{n} \binom{n}{k} G_{-2k}.$$

一般地, 对于任意正整数 $t \geqslant 2$, 若令 $H_0 = 0, H_1 = \cdots = H_t = 1$, $H_s = H_{s-1} + H_{s-k}(s \geqslant t)$, 则我们有

$$H_{tn} = \sum_{k=0}^{n} \binom{n}{k} H_{(t-1)k};$$

$$(-1)^n H_{(t-1)n} = \sum_{k=0}^{n} \binom{n}{k} (-1)^k H_{(t-1)k};$$

$$H_n = \sum_{k=0}^{n} \binom{n}{k} H_{-(t-1)k}.$$

4.7 毕达哥拉斯数组

所谓毕达哥拉斯三数组 (Pythagorean triple) 或勾股数组是指满足下列三元二次方程

$$x^2 + y^2 = z^2 \tag{4.13}$$

的正整数组 (x, y, z). 如同本书开头所言, 中国人很早就知道 $(3, 4, 5)$ 是最小的一组正整数解. 但巴比伦人留下的泥版书显示, 他们可能更早知道三数组和毕氏定理的存在. 然而, 古希腊人却率先找到了三数组, 即

$$x = 2n + 1, \quad y = 2n^2 + 2n, \quad z = 2n^2 + 2n + 1.$$

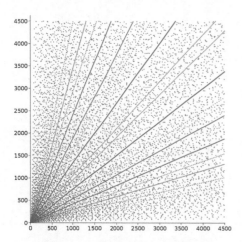

图 4.5　毕达哥拉斯三数组散射图

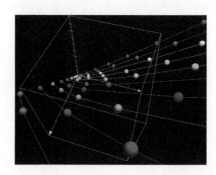

图 4.6　毕达哥拉斯三数组图

按照古希腊最后一位主要哲学家普罗克洛斯 (Proclus, 约 410—485) 的说法, 上述解答归功于毕达哥拉斯. 他对那种斜边比其中一条直角边长 1 的三角形尤其感兴趣, 例如, 当 n 取 1, 2 和 3 时, 分别得到 $(3, 4, 5)$, $(5, 12, 13)$ 和 $(7, 24, 25)$ 这三组解. 另外一组第三小的正整数解是 $(8, 15, 17)$, 普罗克洛斯认为它是由柏拉图发现的, 确切地说, 柏拉图研究的是下列数组

$$x = 2n, \quad y = n^2 - 1, \quad z = n^2 + 1.$$

当 $n > 1$ 为偶数时, 每一组均为毕达哥拉斯数组解. 显然, 这样的解对应于斜边比其中一条直角边长 2 的三角形.

欧几里得在《几何原本》里给出了方程的全部既约解, 但是没有提到出处. 他在书里指出, 满足 $(x, y) = 1$ 的所有毕达哥拉斯数组为

$$x = 2ab, \quad y = a^2 - b^2, \quad z = a^2 + b^2,$$

其中 $a > b > 0, (a, b) = 1, a + b \equiv 1 (\mathrm{mod}2)$.

这个命题被称为欧几里得公式, 它的证明有赖于下述结论: 若一个平方数等于两个互素的正整数的乘积, 则这两个正整数本身也是平方数. 将 (4.13) 转化为

$$\left(\frac{x}{2}\right)^2 = \frac{z+y}{2}\frac{z-y}{2}.$$

再由 $\left(\dfrac{z+y}{2}, \dfrac{z-y}{2}\right) = 1$, 即可令 $\dfrac{z+y}{2} = a^2, \dfrac{z-y}{2} = b^2$, 从而求得全部既约解. 取 $a = n, b = 1$, 此即柏拉图的解. 而取 $a = n+1, b = n$, 此即毕达哥拉斯的解. 我们还可以证明, 对于任意素数 $p \equiv \pm 1(\mathrm{mod}8)$, 存在无穷多组毕达哥拉斯数组, 它们的两条直角边之差为 p.

有了欧几里得公式, 就可以得到全部的毕达哥拉斯数组, 即在上述每组解的基础上任意乘上一个正整数.

另一方面, 从 $F_5 = 5$ 开始, 每个奇数项的斐波那契序列都是某一毕达哥拉斯互素的三数组的最大项 (斜边), 例如 (3, 4, 5), (5, 12, 13), (16, 30, 34). 事实上, 若取 $(n \geqslant 3)$

$$a_n = F_{2n-1}, \quad b_n = 2F_nF_{n-1}, \quad c_n = F_n^2 - F_{n-1}^2,$$

则有

$$a_n^2 = b_n^2 + c_n^2.$$

上述毕达哥拉斯数组也可以看作是由 4 个连续的斐波那契数构成的, 即若取 $(n \geqslant 1)$

$$e_n = F_nF_{n+3}, \quad f_n = 2F_{n+1}F_{n+2}, \quad g_n = F_{n+1}^2 + F_{n+2}^2,$$

则有

$$g_n^2 = e_n^2 + f_n^2.$$

由此, 毕达哥拉斯数组也可以由连续 4 个卢卡斯数组成, 即若取 $(n \geqslant 1)$

$$h_n = L_nL_{n+3}, \quad i_n = 2L_{n+1}L_{n+2}, \quad j_n = L_{n+1}^2 + L_{n+2}^2,$$

则有

$$j_n^2 = h_n^2 + i_n^2.$$

以上只需利用斐波那契数 (卢卡斯数) 的递推公式便可验证.

4.8 丢番图数组

图 4.7 丢番图《算术》拉
丁文首版封面（1621）

古希腊数学家丢番图 (Diophantus, 约 246—330) 的
著作《算术》中, 提出了一个被后人称为丢番图数组 (Dio-
phantine m-tuples) 的问题. 丢番图发现, $\left\{\dfrac{1}{16}, \dfrac{33}{16}, \dfrac{17}{4}, \right.$
$\left.\dfrac{105}{16}\right\}$ 这 4 个有理数满足这样的性质, 它们两两相乘后加
1 均为有理数的平方. 很久以后, 费尔马找到了第一组这
样的正整数, 即 $\{1, 3, 8, 120\}$ 也满足这个性质. 事实上,

$$1 \times 3 + 1 = 2^2, \quad 1 \times 8 + 1 = 3^2, \quad 1 \times 120 + 1 = 11^2,$$
$$3 \times 8 + 1 = 5^2, \quad 3 \times 120 + 1 = 19^2, \quad 8 \times 120 + 1 = 31^2.$$

m 阶丢番图数组 (有理数组) 定义为 m 个正整数 (正
有理数) 的集合 $\{a_1, a_2, \cdots, a_m\}$, 若每一个 $a_i a_j + 1 (1 \leqslant i < j \leqslant m)$ 均为完全平方.

欧拉发现了无穷多组 4 阶丢番图整数组

$$\{a, b, a + b + 2r, 4r(a + r)(b + r)\},$$

只要满足 $ab + 1 = r^2$. 例如, $r = 3$, $\{1, 8, 15, 528\}$, $\{2, 4, 12, 300\}$ 均为 4 阶丢番
图数组. 同时, 欧拉还为费尔马的数组找到第 5 个数, 不过是一个有理数, 即

$$\frac{777480}{8288641}.$$

1999 年, 吉布斯 (Gibbs) 发现了第 1 组 6 阶的丢番图有理数组,

$$\left\{\frac{11}{192}, \frac{35}{192}, \frac{155}{27}, \frac{512}{27}, \frac{1235}{48}, \frac{180873}{16}\right\}.$$

关于丢番图整数组, 曾经有一个著名的猜想.

丢番图 5 数组猜想 不存在 5 阶丢番图整数组.

1969 年, 英国数学家贝克 (Alan Baker, 1939—2018) 利用他创立的对数代数
数线性形式算法理论, 与他的老师达文波特 (Harold Davenport, 1907—1969) 合

作证明了, 若 $\{1, 3, 8, d\}$ 是丢番图整数组, 则必有 $d = 120$. 换句话说, 费尔马数组是无法扩充的. 1998 年, 克罗地亚数学家杜耶拉 (Andrej Dujella, 1966—2012) 将此改进为, $\{1, 3\}$ 有无穷多种方式扩充到 4 阶的, 但却无法扩充到 5 阶.

关于丢番图数组, 2004 年, 杜耶拉证明了, 不存在 6 阶或 6 阶以上的丢番图整数组, 2019 年, 何波, 托贝 (Alain Togbé) 和齐格勒 (Volker Ziegler) 证明了 (There is no Diophantine quintuple, Trans. Amer. Math. Soc., 371, 2019, 6665—6709), 不存在 5 阶丢番图整数组.

另一方面, 阿廷等人在 1979 年证明了, 每个 3 阶丢番图整数组可扩展为 4 阶, 他们的方法如下: 设 $ab + 1 = r^2, ac + 1 = s^2, bc + 1 = t^2$, 令

$$d_+ = a + b + c + 2abc + 2rst,$$

则 $\{a, b, c, d_+\}$ 是丢番图整数组.

实际上, 杜耶拉提出了下列更强的猜想, 由此可直接导出存在与阶丢番图整数组.

猜想 4.3 设 $\{a, b, c, d\}$ 是丢番图整数组, $d > \max\{a, b, c\}$, 则 $d = d_+$.

如果在定义中用 $ab + s$ 代替 $ab + 1$, 其中 s 是整数, 并以 $P_s\{a_1, a_2, \cdots, a_m\}$ 记之, 则情况有所不同. 例如, 人们已发现 $P_9\{1, 7, 40, 216\}$, $P_{-7}\{1, 8, 11, 16\}$, P_{256} $\{1, 33, 105, 320, 18240\}$, $P_{2985984}\{99, 315, 9920, 32768, 44460, 19534284\}$. 此处的 s 和 m 是否有界? 这是人们想知道答案的问题.

1977 年, 霍盖特和伯格姆 (Hoggatt, Bergum, The Fibonacci Quarterly, 15: 323-330) 利用斐波那契数构造了 4 阶丢番图数组, 即

$$\{F_{2n}, F_{2n+2}, F_{2n+4}, 4F_{2n+1}F_{2n+2}F_{2n+3}\} \quad (n \geqslant 1).$$

例如, $\{1,3,8,120\}(n=1)$, $\{3,8,21,2080\}(n=2)$. 事实上, 由卡塔兰恒等式, 可知

$$F_{2n}F_{2n+2} + 1 = F_{2n+1}^2, \tag{4.14}$$

$$F_{2n}F_{2n+4} + 1 = F_{2n+2}^2,$$

$$F_{2n+2}F_{2n+4} + 1 = F_{2n+3}^2.$$

　　我们要寻找到正整数 x, 使得 $F_{2n}x+1, F_{2n+2}x+1, F_{2n+4}x+1$ 均为平方数. 由 (4.14) 和斐波那契数的递推公式, 可得

$$1 = F_{2n+1}^2 - F_{2n}F_{2n+2} = F_{2n+1}F_{2n+2} - F_{2n}F_{2n+3},$$

故而,

$$4F_{2n}F_{2n+1}F_{2n+2}F_{2n+3} + 1 = \left(2F_{2n+1}F_{2n+2} - 1\right)^2.$$

　　在 (4.14) 中用 $n+1$ 取代 n, 则有

$$1 = F_{2n+3}^2 + F_{2n+1}F_{2n+4} - F_{2n+3}F_{2n+4} = F_{2n+1}F_{2n+4} - F_{2n+2}F_{2n+3},$$

故而,

$$4F_{2n+1}F_{2n+2}F_{2n+3}F_{2n+4} + 1 = \left(2F_{2n+2}F_{2n+3} + 1\right)^2.$$

　　再由卡西尼恒等式 $F_{2n+2}^2 = F_{2n+1}F_{2n+3} - 1$, 两端同乘以 $4F_{2n+2}^2$, 整理可得

$$4F_{2n+1}F_{2n+2}^2F_{2n+3} + 1 = \left(2F_{2n+2}^2 + 1\right)^2.$$

从而得证, 并求得 $x = 4F_{2n+1}F_{2n+2}F_{2n+3}$.

　　霍盖特和伯格姆并猜测, $4F_{2n+1}F_{2n+2}F_{2n+3}$ 是唯一的正整数 x, 使得 $\{F_{2n}, F_{2n+2}, F_{2n+4}, x\}$ 是 4 阶丢番图数组. 1999 年, 杜耶拉 (Proc. Amer. Math. Soc., 127: 1999-2005) 证明了这一猜想. 遗憾的是, 类似的结果对卢卡斯数似乎不存在, 即便对 $s \neq 1$ 也难找寻. 但我们可以求得并证明

$$\{L_{2n+1}, L_{2n+3}, L_{2n+5}, 4L_{2n+2}L_{2n+3}L_{2n+4}\} \quad (n \geqslant 0)$$

满足

$$L_{2n+1}L_{2n+3} + 5 = L_{2n+2}^2,$$
$$L_{2n+1}L_{2n+5} + 5 = L_{2n+3}^2,$$
$$L_{2n+3}L_{2n+5} + 5 = L_{2n+4}^2,$$
$$L_{2n+1}\left(4L_{2n+2}L_{2n+3}L_{2n+4}\right) + 25 = \left(2L_{2n+2}L_{2n+3} - 5\right)^2,$$
$$L_{2n+3}\left(4L_{2n+2}L_{2n+3}L_{2n+4}\right) + 25 = \left(2L_{2n+3}^2 + 5\right)^2,$$
$$L_{2n+5}\left(4L_{2n+2}L_{2n+3}L_{2n+4}\right) + 25 = \left(2L_{2n+3}L_{2n+4} - 5\right)^2.$$

类似地, 我们可以求得并证明

$$\{L_{2n}, L_{2n+2}, L_{2n+4}, 4L_{2n+1}L_{2n+2}L_{2n+3}\} \quad (n \geqslant 1)$$

满足

$$L_{2n}L_{2n+2} - 5 = L_{2n+1}^2,$$

$$L_{2n}L_{2n+4} - 5 = L_{2n+2}^2,$$

$$L_{2n+2}L_{2n+4} - 5 = L_{2n+3}^2,$$

$$L_{2n}\left(4L_{2n+1}L_{2n+2}L_{2n+3}\right) + 25 = \left(2L_{2n+1}L_{2n+2} - 5\right)^2,$$

$$L_{2n+2}\left(4L_{2n+1}L_{2n+2}L_{2n+3}\right) + 25 = \left(2L_{2n+2}^2 + 5\right)^2,$$

$$L_{2n+4}\left(4L_{2n+1}L_{2n+2}L_{2n+3}\right) + 25 = \left(2L_{2n+2}L_{2n+3} - 5\right)^2.$$

4.9 生 成 函 数

斐波那契数 F_k 的生成函数是幂级数

$$s(x) = \sum_{k=0}^{\infty} F_k x^k.$$

当 $|x| < \dfrac{\sqrt{5}-1}{2} = 0.618\cdots$ 时, 此级数收敛, 且其值

$$s(x) = \frac{x}{1 - x - x^2}.$$

这是因为

$$s(x) = F_0 + F_1 x + \sum_{k=2}^{\infty} \left(F_{k-1} + F_{k-2}\right) x^k$$

$$= x + \sum_{k=2}^{\infty} F_{k-1} x^k + x^2 \sum_{k=2}^{\infty} F_{k-2} x^k$$

$$= x + \sum_{k=0}^{\infty} F_k x^k + x^2 \sum_{k=0}^{\infty} F_k x^k$$

$$= x + xs(x) + x^2 s(x),$$

若取 $x = \dfrac{1}{k}$, 则有

$$\sum_{n=0}^{\infty} \frac{F_n}{x^n} = \frac{k}{k^2 - k - 1}.$$

当 $k > 1$ 时, 上述级数收敛.

有许多有关斐波那契数倒数的无穷级数求和, 例如,

$$\sum_{k=0}^{\infty} \frac{1}{1 + F_{2k+1}} = \frac{\sqrt{5}}{2}.$$

类似地, 我们可以得到, 卢卡斯数的生成函数为

$$\sum_{k=0}^{\infty} L_k x^k = \frac{2 - x}{1 - x - x^2},$$

此外, 我们还有

$$\sum_{k=0}^{\infty} F_{k+1} x^k = \frac{1}{1 - x - x^2},$$

$$\sum_{k=0}^{\infty} L_{k+1} x^k = \frac{1 + 2x}{1 - x - x^2},$$

$$\sum_{k=0}^{\infty} (-1)^{k+1} F_k x^k = \frac{x}{1 + x - x^2},$$

$$\sum_{k=0}^{\infty} F_{km+r} x^k = \frac{F_r + (-1)^r F_{m-r} x}{1 - L_m x + (-1)^m x^2},$$

$$\sum_{k=0}^{\infty} F_k^2 x^k = \frac{x - x^2}{1 - 2x - 2x^2 + x^3},$$

$$\sum_{k=0}^{\infty} F_k F_{k+1} x^k = \frac{x}{1 - 2x - 2x^2 + x^3},$$

$$\sum_{k=0}^{\infty} L_k^2 x^k = \frac{4 - 7x - x^2}{1 - 2x - 2x^2 + x^3}.$$

利用生成函数, 我们可以求出某些递归数列的通项.

例 4.1　设数列 $\{a_n\}$ 满足 $a_0 = 2, a_1 = 3, a_n = 6a_{n-1} - 9a_{n-2}$, 则 $a_n = (2 - n)3^n$.

事实上, 设 $g(x) = a_0 + a_1 x + a_2 x^2 + \cdots + a_n x^n + \cdots$. 则有

$$6xg(x) = 6a_0 x + 6a_1 x^2 + 6a_2 x^3 + \cdots + 6a_{n-1} x^n + \cdots,$$

$$9x^2 g(x) = 9a_0 x^2 + 9a_1 x^3 + 9a_2 x^4 + \cdots + 9a_{n-2} x^n + \cdots.$$

故而,

$$g(x) - 6xg(x) + 9x^2 g(x)$$

$$= a_0 + (a_1 - a6_0)\, x + (a_2 - 6a_1 + 9a_2)\, x^2 + \cdots + (a_n - 6a_{n-1} + 9a_{n-2})\, x^n + \cdots$$
$$= 2 - 9x,$$

从而,

$$g(x) = \frac{2 - 9x}{1 - 6x + 9x^2} = \frac{3}{1 - 3x} - \frac{1}{(1 - 3x)^2}$$
$$= 3\left(\sum_{n=0}^{\infty} 3^n x^n\right) - \sum_{n=0}^{\infty}(n+1)3^n x^n$$
$$= \sum_{n=0}^{\infty}\left\{3^{n+1} - (n+1)3^n\right\} x^n$$
$$= \sum_{n=0}^{\infty}(2-n)3^n x^n.$$

此处利用了幂级数展开式

$$\frac{1}{(1-x)^k} = \sum_{n=0}^{\infty} \binom{n+k-1}{k-1} x^n.$$

利用上述幂级数展开式 (两次) 和斐波那契序列的生成函数, 我们可以得到下列恒等式.

例 4.2 对于任意非负整数 n, 恒有

$$\sum_{j=0}^{n} F_j F_{n-j} = \sum_{2j \leqslant n} j \binom{n-j}{j}.$$

证 设

$$C_n = \sum_{2j \leqslant n} j \binom{n-j}{j},$$

则有

$$\sum_{n=0}^{\infty} C_n x^n = \sum_{n=0}^{\infty} x^n \sum_{2j \leqslant n} j \binom{n-j}{j}$$
$$= \sum_{j=0}^{\infty} j x^{2j} \sum_{n=0}^{\infty} \binom{n+j}{j} x^n = \sum_{j=0}^{\infty} j x^{2j}(1-x)^{-j-1}$$

$$= \frac{x^2}{(1-x)^2} \sum_{j=0}^{\infty} (j+1) x^{2j} (1-x)^{-j}$$

$$= \frac{x^2}{(1-x)^2} \left(1 - \frac{x^2}{(1-x)^2}\right)^{-2} = \frac{x^2}{(1-x-x^2)^2}$$

$$= \left(\sum_{n=0}^{\infty} F_n x^n\right) \left(\sum_{j=0}^{\infty} F_j x^j\right).$$

利用生成函数, 还可以求得许多斐波那契数和卢卡斯数的求和公式及其混合求和公式. 例如,

$$\sum_{k=0}^{n} \binom{n}{k} F_{k+r} = F_{2n+r},$$

$$\sum_{k=0}^{n} (-1)^{n-k} \binom{n}{k} F_k = (-1)^{n-1} F_n,$$

$$\sum_{k=0}^{n} (-1)^{n-k} \binom{n}{k} F_{2k} = F_n,$$

以上三个公式中的斐波那契数都可以换成卢卡斯数, 结论不变. 又如,

$$\sum_{k=0}^{n} \binom{n}{k} F_k L_{n-k} = 2^n F_{2n},$$

$$\sum_{k=0}^{n} \binom{n}{k} F_k F_{n-k} = \frac{2^n L_n - 2}{5},$$

$$\sum_{k=0}^{n} \binom{n}{k} L_k L_{n-k} = 2^n L_n + 2.$$

4.10　卢卡斯序列

现在, 我们来介绍卢卡斯序列 (Lucas sequence), 它与卢卡斯数 (Lucas number) 是不同的, 但斐波那契序列和斐波那契数却是一回事. 设 P, Q 是两个非零

整数, 考虑二项式 $X^2 - PX + Q$, 它的判别式为 $D = P^2 - 4Q$, 其根为

$$\alpha, \beta = \frac{P \pm \sqrt{D}}{2},$$

故而,

$$\begin{cases} \alpha + \beta = P, \\ \alpha\beta = Q, \\ \alpha - \beta = \sqrt{D}. \end{cases}$$

假设 $D \neq 0$, 则有 $D \equiv 0 (\mathrm{mod} 4)$ 或者 $D \equiv 1 (\mathrm{mod} 4)$. 定义下列两个序列

$$U_n(P, Q) = \frac{\alpha^n - \beta^n}{\alpha - \beta}, \quad V_n(P, Q) = \alpha^n + \beta^n \quad (n \geqslant 0).$$

特别地, $U_0(P, Q) = 0, U_1(P, Q) = 1$, 而 $V_0(P, Q) = 2, V_1(P, Q) = P$. 序列 $U(P, Q) = \{U_n(P, Q)\}_{n \geqslant 1}$ 和 $V(P, Q) = \{V_n(P, Q)\}_{n \geqslant 1}$ 被称为与数对 $\{P, Q\}$ 相关的第一类和第二类卢卡斯序列, 第二个序列也被称为第一个序列的相伴序列.

例如 $P = 1, Q = -1$, 此时这两个序列分别是斐波那契数和卢卡斯数, 也就是说, 卢卡斯数是斐波那契数的相伴序列. 而当 $P = k, Q = -1$ 时, 第一个序列为 k 斐波那契序列. 例如 $P = 2, Q = -1$, 我们得到佩尔数和佩尔相伴数 (佩尔–卢卡斯数)

$$U_n(2, -1) : 0, 1, 2, 5, 12, 29, 70, 169, 408, \cdots,$$

$$V_n(2, -1) : 2, 2, 6, 14, 34, 82, 198, 478, 1154, \cdots.$$

又如 $P = 3, Q = 2, U_n(3, 2) = 2^n - 1, V_n(3, 2) = 2^n + 1$, 这是当年梅森和费尔马分别竭尽心力思考过的两个数列.

对于奇素数 p 和任意正整数 e, 已知有

$$U_{p^e} \equiv D^{\frac{e(p-1)}{2}} (\mathrm{mod} p).$$

特别地, $U_p \equiv \left(\dfrac{D}{p}\right) (\mathrm{mod} p)$; 另一方面, $V_p \equiv P (\mathrm{mod} p)$.

猜想 4.4 对于 k 斐波那契序列, 奇素数 p 的第一个 k 斐波那契数的倍数为 U_n, 则

$$p \equiv \left(\frac{p}{d}\right) (\mathrm{mod} n),$$

其中 $k^2 + 4 = da^2, d$ 无平方因子. 特别地, 当 $k = 1$ 时, 此为斐波那契数; 当 $k = 2$ 时, 此为佩尔数, 此时 $d = 2$.

下面我们利用卢卡斯序列的性质, 证明第一章第 10 节的卢卡斯–拉赫曼素数检测法. 为此, 我们需要下列引理 4.2, 它是利用卢卡斯序列的性质建立起来的, 证明可参见文献 [8] 第 2 章第 VII 节梅森数.

引理 4.2　设 $P = 2, Q = -2, \{U_m\} \, (m \geqslant 0), \{V_m\} \, (m \geqslant 0)$ 是相应的广义卢卡斯序列, 则 $N = M_q = 2^q - 1$ 是素数当且仅当 $N | V_{(N+1)/2}$.

卢卡斯–拉赫曼素数检测法的证明　显然 $S_0 = 4 = \dfrac{V_2}{2}$, 假设 $S_{k-1} = \dfrac{V_{2^k}}{2^{2^{k-1}}}$. 则

$$S_k = S_{k-1}^2 - 2 = \frac{V_{2^k}^2}{2^{2^k}} - 2 = \frac{V_{2^{k+1}} + 2^{2^k+1}}{2^{2^k}} - 2 = \frac{V_{2^{k+1}}}{2^{2^k}}.$$

这是因为 $\alpha = 1 + \sqrt{3}, \beta = 1 - \sqrt{3}, V_n = (1 + \sqrt{3})^n + (1 - \sqrt{3})^n, V_2 = 8$

$$V_{2^k}^2 = V_{2^{k+1}} + 2^{2^k+1}$$

由引理 4.2, M_n 是素数当且仅当

$$M_n \mid V_{(M_n+1)/2} = V_{2^{n-1}} = 2^{2(n-2)} S_{n-2},$$

或者, 当且仅当 $M_n \mid S_{n-2}$.

4.11　皮萨罗周期

现在, 我们要介绍斐波那契序列的皮萨罗周期 (Pisano period), 这是法国数学家拉格朗日 (J. L. Lagrange, 1736—1813) 在 1774 年发现的. 如前文介绍, 斐波那契的原名是莱奥纳多·皮萨罗. 因此, 皮萨罗周期的命名也是为了纪念斐波那契. 任给正整数 n, 存在最小的正整数 $\pi(n)$ 称为它的周期, 满足

$$F_{k+\pi(n)} \equiv F_k (\mathrm{mod}\, n),$$

这里 k 为任意正整数.

容易算得, $\pi(1) = 1, \pi(2) = 3, \pi(3) = 8, \pi(4) = 6, \pi(5) = 20, \pi(6) = 24, \pi(7) = 16, \pi(8) = 12, \pi(9) = 24, \pi(10) = 60, \pi(11) = 10, \pi(12) = 24$. 例如, $\pi(2)$ 的循环为 $\{011\}$, $\pi(8)$ 的循环为 $\{011235055271\}$.

当 $n > 2$ 时, $\pi(n)$ 必为偶数. 这是因为, 设 $\pi(n) = m$, 则 $F_m = 0, F_{m-1} = F_{m+1} = 1$, 由卡西尔恒等式, 即知 m 必为偶数.

一般地, 易知 $\pi(n) \leqslant n^2 - 1$. 1992 年, 彼得·弗莱德 (Peter Fryed) 用有限域的方法证明了, $\pi(n) \leqslant 6n$, 其中等号对无穷多个 n 成立, 最小的 n 为 10, 即 $\pi(10)=60$. 而对于素数 p, 容易证明, $\pi(p) \leqslant 2p + 2$, 其中等号成立仅当 $\left(\dfrac{p}{5}\right) = 1$ 时才有可能. 对一般的 n, $\pi(n)$ 的确定仍是一个未解决的问题. 另一方面, 我们有 $a|b \Rightarrow \pi(a)|\pi(b)$.

对有些 n, $\pi(n)$ 并不大. 例如, $\pi(4) = 6, \pi(11) = 10, \pi(29) = 14, \pi(76) = 18, \pi(199) = 22, \pi(521) = 26, \pi(1364) = 30, \pi(3571) = 34, \pi(9349) = 38$.

事实上, 设 k 为任意正整数, 取 $n = L_{2k+1}$, 则 $\pi(n) = 4k + 2$. 这是因为, 由斐波那契数和卢卡斯数的性质, $F_{-2k-1} = F_{2k+1}$, 又 $L_{2k+1} = F_{2k} + F_{2k+2}$, $F_{-2k} = -F_{2k} \equiv F_{2k+2}(\mathrm{mod}\,n)$. 故而斐波那契数的周期必为 $4k + 2$ 的因数. 可是, 从 0 开始的斐波那契数前 $2k + 1$ 项均小于 n, 因此周期只能为 $4k + 2$. 又若取 $n = F_{2k}$, 则 $\pi(n) = 4k$, 而若取 $n = F_{2k+1}$, 则 $\pi(n) = 8k + 4$.

同样, 我们可以定义卢卡斯数的皮萨罗周期为 $\pi'(n)$, 任给正整数 n, $\pi'(n)$ 是最小的正整数, 满足

$$L_{k+\pi'(n)} \equiv L_k(\mathrm{mod}\,n),$$

这里 k 为任意正整数.

容易算得

$$\pi'(1)=1, \pi'(2)=3, \pi'(3)=8, \pi'(4)=6, \pi'(5)=4, \pi'(6)=24,$$
$$\pi'(7) = 16, \pi'(8) = 12, \pi'(9) = 24, \pi'(10) = 12, \pi'(11) = 10, \pi'(12) = 24.$$

已知当 $n > 3$, 任意斐波那契素数 F_n 模 4 余 1; 对于卢卡斯数, 既有模 4 余 3 的素数, 如 3, 7, 11, 47, 199, 也有模 4 余 1 的素数, 如 29, 521. 我们有以下

猜想 4.5 若 n 为奇数, 则 F_n 不含模 4 余 3 的素因子; 而若 n 为偶数, 则 L_n 至少有一个模 4 余 3 的素因子.

前半部分猜想表明, 若 $n(\geqslant 5)$ 为奇数, 则 F_n 至少含有一个模 4 余 1 的素因

子; 后半部分猜想只需考虑 n 是 6 的倍数的情形, 因为卢卡斯数的皮萨罗周期模 4 为 6, 其循环为 $\{1, 3, 0, 3, 3, 2\}$, 故当 n 模 6 余 2 或 4 时 L_n 模 4 余 3, 从而它必存在模 4 余 3 的素因子. 由猜想 4.6 还可以推得, 若 $n(\geqslant 5)$ 为奇数, 则 F_{2n} 必含有模 4 余 3 的素因子, F_{4n} 既含有模 4 余 1 的素因子, 也含有模 4 余 3 的素因子.

虽说对于卢卡斯数, 没有类似于 (3.9) 那样的性质, 但却有下列结论: 若 L_n 是素数, 则 n 必须是 $0, 2^k$ 或素数, 目前只知 $1 \leqslant k \leqslant 4$ 时, L_{2^k} 是素数.

4.12　$\pi(n)$ 与 $\pi'(n)$

设 $p \neq 5$ 是素数, 令

$$
\Pi(p) = \begin{cases} p - 1, & \text{若 } \left(\dfrac{p}{5}\right) = -1, \\ 2p + 2, & \text{若 } \left(\dfrac{p}{5}\right) = 1, \end{cases}
$$

则有

$$
\pi(p) \mid \Pi(p). \tag{4.15}
$$

(4.15) 的证明　先证 $\pi(p) \mid \Pi(p)$. 若 $\left(\dfrac{p}{5}\right) = 1$, 则由式 (4.4), $F_{p-1} \equiv 0 (= F_0)$ (mod p), $F_p \equiv 1 (= F_1) (\mathrm{mod}\ p)$, 故而 $\pi(p) \mid p - 1$. 若 $\left(\dfrac{p}{5}\right) = -1$, 则 $F_{2p+2} = F_{p+1} L_{p+1} \equiv 0 (\mathrm{mod} p)$, 在公式 $F_{2n-1} = F_n^2 + F_{n-1}^2$ 中, 取 $n = p + 2$, 则

$$
\begin{aligned} F_{2p+3} = F_{p+2}^2 + F_{p+1}^2 &\equiv F_{p+2}^2 \\ &= (F_{p+1} + F_p)^2 \equiv F_p^2 \equiv 1 (\mathrm{mod} p). \end{aligned}
$$

再注意到 $F_0 = 0, F_1 = 1$, 即知 $\pi(p) \mid 2p + 2$. 后一种情形也可由 $F_{p+1} \equiv 0$ (mod p), $F_{p+2} \equiv F_p \equiv -1 (\mathrm{mod}\ p)$ 得到.

表 4.1 前 144 个斐波那契数的周期表.

表 4.1 前 144 个斐波那契数的周期表

$\pi(n)$	+1	+2	+3	+4	+5	+6	+7	+8	+9	+10	+11	+12
0+	1	3	8	6	20	24	16	12	24	60	10	24
12+	28	48	40	24	36	24	18	60	16	30	48	24
24+	100	84	72	48	14	120	30	48	40	36	80	24
36+	76	18	56	60	40	48	88	30	120	48	32	24
48+	112	300	72	84	108	72	20	48	72	42	58	120
60+	60	30	48	96	140	120	136	36	48	240	70	24
72+	148	228	200	18	80	168	78	120	216	120	168	48
84+	180	264	56	60	44	120	112	48	120	96	180	48
96+	196	336	120	300	50	72	208	84	80	108	72	72
108+	108	60	152	48	76	72	240	42	168	174	144	120
120+	110	60	40	30	500	48	256	192	88	420	130	120
132+	144	408	360	36	276	48	46	240	32	210	140	24

易知 $\pi(5) = 20$, 而对其余的素数 π, $\pi(p) \leqslant 2p + 2$.

满足 $\pi(p) < \Pi(p)$ 成立的最小素数, 当 $\left(\frac{p}{5}\right) = 1$ 时为 $p = 29$, 此时 $\pi(p) = 14 = \frac{p-1}{2}$; 而当 $\left(\frac{p}{5}\right) = -1$ 时为 $p = 47$, 此时 $\pi(p) = 32 = \frac{2p+2}{3}$.

更一般地, 我们有以下结论 (其中第二种情形为我们的猜测),

$$\pi'(n) = \begin{cases} \pi(n), & \text{若 } 5 \nmid n, \\ \dfrac{\pi(n)}{5}, & \text{若 } 5 | n, \end{cases}$$

特别地, 如果 $p \neq 5$ 是素数, 则 $\pi'(p) = \pi(p)$.

我们来证明 n 不被 5 整除的情形, 由 $L_m = F_{m-1} + F_{m+1}$ 可知,

$$L_{m+\pi(n)} = F_{m+\pi(n)-1} + F_{m+\pi(n)+1} \equiv F_{m-1} + F_{m+1} = L_m (\bmod\, n),$$

故而 $\pi'(n) | \pi(n)$. 又因 $5F_m = L_{m-1} + L_{m+1}$, 可知,

$$5F_{m+\pi'(n)} = L_{m+\pi'(n)-1} + L_{m+\pi'(n)+1} \equiv L_{m-1} + L_{m+1} = 5F_m (\bmod\, n),$$

故而 $F_{m+\pi'(n)} \equiv F_m (\bmod\, n)$, $\pi(n) | \pi'(n)$. 从而, $\pi(n) = \pi'(n)$.

4.13   卢卡斯数的素因子

已知斐波那契数的循环中, 0 出现的次数可为 1, 2 或 4; 而卢卡斯数的循环中, 0 出现的次数可为 0, 1, 2 或 4. 换句话说, 0 可能不出现, 即 (4.4) 的整除性质对于卢卡斯数并不成立. 例如, 没有一个卢卡斯数被 5 整除.

事实上, 卢卡斯数关于模 5 的皮萨罗周期为 4, 其剩余类循环为 $\{2, 1, 3, 4\}$; 而关于模 13、模 17 和模 37 的剩余类循环也不含有 0, 它们的皮萨罗周期分别为 28, 36 和 76. 已知的一个结果是, 对于任意大于 3 的斐波那契素数, 不存在卢卡斯数是它的倍数. 这其中, 17 和 37 并非斐波那契素数; 另一方面, $19|L_9 = 76$, $23|L_{12} = 322$, $31|L_{15} = 1364$, $41|L_{10} = 123$, $43|L_{22} = 39603$, $59|L_{29}$, $67|L_{34}$, $71|L_{35}$, $79|L_{39}$, $83|L_{42}$. 因此, 100 以下的素数可分为下列几种情形:

1) 2, 3, 既是斐波那契素数, 又是卢卡斯素数;

2) 5, 13, 89, 是斐波那契素数, 不存在卢卡斯数是其倍数;

3) 7, 11, 29, 47, 是卢卡斯素数;

4) 17, 37, 53, 61, 73, 97, 不存在卢卡斯数是其倍数;

5) 19, 23, 31, 41, 43, 59, 67, 71, 79, 83, 存在卢卡斯数是其倍数.

由卢卡斯数的皮萨罗周期性可知, 若存在某个卢卡斯数是素数 p 的倍数, 则会有无穷多个卢卡斯数是 p 的倍数. 问题是, 卢卡斯数有哪些素因子? 经过前面分析, 我们有以下猜想.

猜想 4.6   卢卡斯数的素因子必为 $p = 2$, $p \equiv 3 \pmod 4$ 或者 $p \equiv 1, 9 \pmod{20}$, $p = x^2 + 5y^2$, $4 \nmid xy$.

1985 年, J. C. Lagarias 利用代数数论的方法, 求得卢卡斯数的素因子在全体素数中所占的比例为 $\frac{2}{3}$ (Pacific J. Math., 118(2), 449-461).

最后, 我们来看看, 哪些斐波那契数是素数? 如前所言, 除了 $F_4 = 3$, 要使 F_n 是素数, 必须 n 为素数. 我们不知道是否存在无穷多个斐波那契素数, 已经确定的 33 个斐波那契素数其下标是

3, 4, 5, 7, 11, 13, 17, 23, 29, 43, 47, 83, 131, 137, 359, 431, 433, 449, 509, 569, 571,

$2971, 4723, 5387, 9311, 9677, 14431, 25561, 30757, 35999, 37511, 50833, 81839.$

前 10 个素数里有 8 个对应于斐波那契素数的下标, 只有 2 和 19 不是. 但接下来越来越稀少, 10000 以下的素数共有 1229 个, 但只有 26 个对应于斐波那契素数的下标. 迄今为止找到的最大的一个斐波那契素数是 F_{81839}, 共 17103 位, 这是 David Broadhurst 和 Bouk de Water 在 2001 年找到的. 还有一些疑似斐波那契素数 (probable Fibonacci prime)

$n = 104911, 130021, 148091, 201107, 397379, 433781, 590041, 593689, 604711,$

$931517, 1049897, 1285607, 1636007, 1803059, 1968721, 2904353,$

其中最大的一个是 $F_{2904353}$, 共 606974 位, 这是由 Henri Lifchitz 在 2014 年找到的.

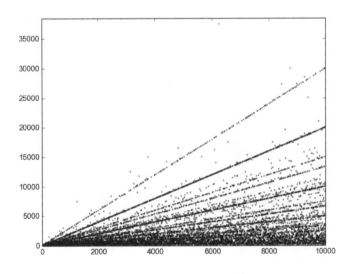

图 4.8 前 10000 个斐波那契数的周期

相比之下, 卢卡斯素数要多一些, 但是也无法断定有无穷多个. 另一方面, Nick MacKinnon 已经证明, 孪生素数中的斐波那契 (素) 数仅有 3 个, 即 3, 5 和 13.

第 5 章 完美数与斐波那契素数

真正的定律不可能是线性的.

——阿尔伯特·爱因斯坦

5.1 平方完美数

第 1 章我们回顾了完美数的历史, 得到了偶完美数的充要条件, 即欧拉–欧几里得定理, 这个定理表明, 偶完美数与 17 世纪的梅森素数一一对应. 完美数或梅森素数同时也成为计算机领域一个引人瞩目的问题. 完美数和梅森素数的无穷性堪称一个不朽的谜语, 可谓是数学史上最悠久也或许是最难解的问题. 与此同时, 我们也讨论了完美数的推广——k 阶完美数和超 (级) 完美数等. 遗憾的是, 虽然许多伟大的数学家都作了充分的努力, 无论 k 阶完美数还是超 (级) 完美数, 迄今仍只有零散的结果, 再没有充分必要条件出现.

图 5.1 《数之书》封面, 印上了前 4 个平方完美数

2012 年春天, 作者在经过反复考虑、推敲之后, 提出了平方完美数或平方和完美数问题, 即求解满足下列方程的正整数解

$$\sum_{d|n,d<n} d^2 = 3n. \tag{5.1}$$

结果, 在不到一周的时间里, 我和我的两位研究生便推出了奇妙的结果, 一个与 13 世纪的斐波那契序列密切相关的充分必要条件. 之后, 我和另外三位研究生又相继把这个问题推广到更一般的情形. 也就是说, 我们就把本书前两章介绍的经典完美数问题和第 3 章、第 4 章讲述的斐波那契序列、卢卡斯数和卢卡斯序列相互联系起来.

首先, 我们 (蔡天新, 陈德溢, 张勇, Perfect numbers and Fibonacci primes I, International J. of Number Theory, 2015(11): 159-169) 得到了以下定理.

定理 5.1 (5.1) 的所有解为 $n = F_{2k-1}F_{2k+1}(k \geqslant 1)$, 其中 F_{2k-1} 和 F_{2k+1} 是斐波那契孪生素数.

我们不妨称经典的完美数为 M 完美数, 因为它与梅森素数 (Mersenne prime) 相关, 而称满足 (5.11) 的完美数为 F 完美数, 因为它与斐波那契素数 (Fibonacci prime) 有关. 值得一提的是, 日本名古屋大学的数学家松本耕二 (Kohji Matsumoto) 在 2013 年福冈召开的第 7 届中日数论会议上曾建议分别称之为阴、阳完美数, 因为男性 (male) 和女性 (female) 在英文里的第一个字母分别是 M 和 F.

到目前为止, 人们找到的最大的斐波那契素数是 F_{81839}, 而最大可能的斐波那契素数为 $F_{1968721}$ (共 411439 位), 其中只有 5 对斐波那契孪生素数, 即 5 个 F 完美数 $n = F_3F_5, F_5F_7, F_{11}F_{13}, F_{431}F_{433}, F_{569}F_{571}$. 它们分别是 (由推论 3.1 易知, 斐波那契孪生素数的每对下标也必须是孪生素数)

10,

65,

20737,

735108038169226697610336266421235332619480119704052339198145857119174445190576122619635288017445230931072695163057441061367078715257112965183856285090884294459307720873196474208257,

3523220957390444959595279062040480245884253791540018496569589759612684974224639027640287843213615446328687904372189751725183659047971600027111855728553282782938238390010064604217978755993551604318057918269182928456761611403668577116737601.

其中, 10 是唯一的偶 F 完美数, 这一点显而易见, 因为只有一个偶素数 2. 第 4 个和第 5 个 F 完美数各有 180 位和 238 位, 下一个可能的 F 完美数至少有 822878 位. 可是, 考虑到已知的第 51 个梅森素数有 24862048 位, 假如我用类似于 GIMPS 计划那样的方法去寻找斐波那契孪生素数, 应该可以找到更多的 F 完美数. 然而现在, 我们既不知道是否还有第 6 个 F 完美数, 也无法否定不存在无穷多个 F 完美数, 此类情况就如同费尔马素数一样. 但是, 若是存在元素多个 F 完美数, 则孪生数猜想必然成立.

其次, 我们研究了更一般的情形, 对于任意正整数 a 和 b, 考虑方程

$$\sum_{d|n,d<n} d^a = bn. \tag{5.2}$$

我们得到了以下定理.

定理 5.2　若 $a=2, b \neq 3$, 或 $a \geqslant 3, b \geqslant 1$, 则 (5.2) 至多有有限多个解. 特别地, 若 $a=2, b=1$ 或 2, 则 (5.2) 无解.

换句话说, 除了 M 完美数和 F 完美数, 似乎再也没有其他引人入胜的完美数了.

5.2　若干引理

为证明定理 5.1 和定理 5.2, 我们需要以下引理.

引理 5.1　设 $d>0$ 是奇数, 则方程 $x^2 - dy^2 = -4$ 有整数解当且仅当方程 $u^2 - dv^2 = -1$ 有整数解.

证　充分性是显然的, 只需证必要性. 由已经条件知, x 和 y 必同奇偶, 故可作变换

$$\begin{cases} u = \dfrac{x(x^2+3)}{2}, \\ v = \dfrac{(x^2+1)y}{2}. \end{cases}$$

即得

$$u^2 - dv^2 = \left(\frac{x(x^2+3)}{2} \right)^2 - d \left(\frac{(x^2+1)y}{2} \right)^2 = -1.$$

引理 5.1 得证.

已知对任意非平方数的正整数 $N, \sqrt{N}$ 必定可以表示成有限循环连分数. 用 $l(\sqrt{N})$ 表示 $\sqrt{N}$ 的连分数周期, 则有

引理 5.2　设 $N>0$ 是非平方数, 则方程 $x^2 - Ny^2 = -1$ 有整数解当且仅当 $l(\sqrt{N})$ 是奇数.

证明参见 P. Kaplan 和 K.S. Williams(J. Number Theory, 1986(23). 169-182).

引理 5.3 不定方程 $x^2 + y^2 + 1 = 3xy(1 \leqslant x < y)$ 的所有解为

$$\begin{cases} x = F_{2k-1}, \\ y = F_{2k+1}, \end{cases} \tag{5.3}$$

这里 $k \geqslant 1$, F_n 为第 n 个斐波那契数.

证 我们首先证明, (5.3) 是方程 $x^2 + y^2 + 1 = 3xy$ 的解. 由卡西尼恒等式可知,

$$F_{2k}^2 - F_{2k+1}F_{2k-1} = -1.$$

故而,

$$(F_{2k+1} - F_{2k-1})^2 - F_{2k+1}F_{2k-1} = -1,$$

此即

$$1 + F_{2k-1}^2 + F_{2k+1}^2 = 3F_{2k-1}F_{2k+1}.$$

现在, 我们证明 (5.3) 是所有的解. 由上式及一元二次方程系数的求解公式, 只需证明: 若 $x^2 + y^2 + 1 = 3xy(1 \leqslant x < y)$, 则 $x = F_{2k-1}$.

注意到, 上述方程等价于

$$5x^2 - 4 = (3x - 2y)^2. \tag{5.4}$$

由 I. Gessel 所得结果 (Fibonacci is a square, The Fibonacci Quarterly, 1972, 10(4): 417-419), 可知 x 是斐波那契数. 若 $x = F_{2k-1}$, 已证. 若 $x = F_{2k}$, 代入 (5.4), 有 $5F_{2k}^2 - 4 = (3F_{2k} - 2y)^2$. 再由 Gessel 文中的结果可得 $5F_{2k}^2 + 4 = L_{2k}^2$, 其中 L_n 是卢卡斯数, 我们有

$$8 = (5F_{2k}^2 + 4) - (5F_{2k}^2 - 4) = L_{2k}^2 - (3F_{2k} - 2y)^2. \tag{5.5}$$

由 (5.5) 易得 $|3F_{2k} - 2y| = 1$, $L_{2k} = 3$, 故而 $x = F_{2k} = \sqrt{\dfrac{L_{2k}^2 - 4}{5}} = 1 = F_1 = F_2$, $y = 2 = F_3$. 因此, 总有 $x = F_{2k-1}$. 引理 5.3 得证.

引理 5.4 若正整数 $k \neq 3$, 则 $1 + x^2 + y^2 = kxy$ 无解.

证   由于 $kxy = x^2 + y^2 + 1 > 2xy$, 因此只需考虑 $k \geqslant 4$ 的情形. 若 $1 + x^2 + y^2 = kxy$ 有整数解, 则其判别式必为平方数, 即存在整数 z 使得

$$k^2 y^2 - 4(y^2 + 1) = (k^2 - 4)y^2 - 4 = z^2,$$

或

$$z^2 - (k^2 - 4)y^2 = -4.$$

下证 k 必为奇数. 假如 k 是偶数, 则 x, y 不能全为偶数. 若 x, y 仅有一个为奇数, 则

$$1 + x^2 + y^2 \equiv kxy(\mathrm{mod}4) \Rightarrow 2 \equiv 0(\mathrm{mod}4).$$

又若 x, y 均为奇数, 则

$$1 + x^2 + y^2 \equiv kxy(\mathrm{mod}2) \Rightarrow 1 \equiv 0(\mathrm{mod}2).$$

故而, k 是奇数. 注意到 $k^2 - 4$ 显然不是平方数, 故由引理 5.1 和引理 5.2 可知

$$z^2 - (k^2 - 4)y^2 = -4 \text{ 有解}$$

$$\Leftrightarrow z^2 - (k^2 - 4)y^2 = -1 \text{ 有解}$$

$$\Leftrightarrow l(\sqrt{k^2 - 4}) \text{ 是奇数}.$$

另一方面, 对于奇数 $k \geqslant 4$, 由文献 [9], 可得

$$\sqrt{k^2 - 4} = \left[k - 1, \overline{1, \frac{k-3}{2}, 2, \frac{k-3}{2}, 1, 2k-2} \right],$$

也就是说, $l(\sqrt{k^2 - 4}) = 6$. 矛盾! 引理 5.4 得证.

5.3   定理的证明

定理 5.2 的证明   设 $n = p_1^{\alpha_1} p_2^{\alpha_2} \cdots p_k^{\alpha_k}$ 是 n 的标准因子分解式, 其中 $p_1 < p_2 < \cdots < p_k, \alpha_i \geqslant 1 (1 \leqslant i \leqslant k)$. 我们先来考虑 $a = 2$ 的情形.

若 $k = 1$, (5.2) 变成 $1 + p_1^2 + p_1^4 + \cdots + p_1^{2(\alpha_1 - 1)} = b p_1^{\alpha_1}$, 显然不可能成立.

若 $k \geqslant 3$, 利用算术–几何不等式, 我们有

$$
\begin{aligned}
bn &= \sum_{d \mid n, d < n} d^2 \\
&\geqslant \frac{n^2}{p_1^2} + \frac{n^2}{p_2^2} + \cdots + \frac{n^2}{p_k^2} \\
&\geqslant k \left(\frac{n^2}{p_1^2} \cdot \frac{n^2}{p_2^2} \cdots \frac{n^2}{p_k^2} \right)^{\frac{1}{k}} \\
&= \left(k p_1^{\alpha_1 - \frac{2}{k}} p_2^{\alpha_2 - \frac{2}{k}} \cdots p_k^{\alpha_k - \frac{2}{k}} \right) n.
\end{aligned}
$$

注意到 $\alpha_i - \dfrac{2}{k} \geqslant \dfrac{\alpha_i}{3} (1 \leqslant i \leqslant k)$, 我们有

$$
b \geqslant k p_1^{\alpha_1 - \frac{2}{k}} p_2^{\alpha_2 - \frac{2}{k}} \cdots p_k^{\alpha_k - \frac{2}{k}} \geqslant k \prod_{i=1}^{k} p_i^{\frac{\alpha_i}{3}} \geqslant 3 n^{\frac{1}{3}}. \tag{5.6}
$$

故而 n 是有界的, 即 n 的取值只能是有限个.

若 $k = 2$, 则由 (5.6), 我们有

$$
b \geqslant 2 p_1^{\alpha_1 - 1} p_2^{\alpha_2 - 1}. \tag{5.7}
$$

由上式知 α_1, α_2 是有界的. 假如 $\alpha_2 > 1$, 则由 (5.7) 知 p_2 有界, 故而 n 有界. 假如 $\alpha_2 = 1, \alpha_1 > 1$, 则由 (5.7) 知 p_1 有界; 又由 (5.2) 知

$$
(1 + p_1^2 + p_1^4 + \cdots + p_1^{2\alpha_1})(1 + p_2^2) - p_1^{2\alpha_1} p_2^2 = b p_1^{\alpha_1} p_2.
$$

故而,

$$
p_2 \mid 1 + p_1^2 + p_1^4 + \cdots + p_1^{2\alpha_1}.
$$

从而 p_2 有界, 进而 n 有界. 假如 $\alpha_1 = \alpha_2 = 1$, 则由 (5.2) 知

$$
1 + p_1^2 + p_2^2 = b p_1 p_2. \tag{5.8}
$$

若 $b \neq 3$, 则由引理 5.4 可知 (5.8) 无整数解.

综合以上, 当 $a = 2, b \neq 3$ 时, (5.2) 至多有有限多个解. 特别地, 由 (5.6)—(5.8) 容易推出, 当 $b = 1, 2$ 时, (5.2) 无整数解.

下面考虑 $a \geqslant 3$ 的情形. 易知 $k \neq 1$. 当 $k \geqslant 2$ 时, 类似于前面的证明, 我们有

$$b \geqslant k p_1^{(a-1)\alpha_1 - \frac{a}{k}} p_2^{(a-1)\alpha_2 - \frac{a}{k}} \cdots p_k^{(a-1)\alpha_k - \frac{a}{k}} \geqslant k \prod_{i=1}^{k} p_i^{\frac{\alpha_i}{2}} \geqslant 2 n^{\frac{1}{2}},$$

故而 n 有界. 定理 5.2 得证.

定理 5.1 的证明　设 $n = p_1^{\alpha_1} p_2^{\alpha_2} \cdots p_k^{\alpha_k}$ 是 n 的标准因子分解式, 其中 $p_1 < p_2 < \cdots < p_k, \alpha_i \geqslant 1 (1 \leqslant i \leqslant k)$. 我们欲证, 若 n 是 F 完美数, 则 $k = 2, \alpha_1 = \alpha_2 = 1$.

若 $k = 1$, (5.1) 变成 $1 + p_1^2 + p_1^4 + \cdots + p_1^{2(\alpha_1-1)} = 3p_1^{\alpha_1}$, 显然这是不可能的.

若 $k \geqslant 3$, 则由 (5.6) 知 $n = 1$, 这也是不可能的.

若 $k = 2$, 假如 $a_1 + \alpha_2 \geqslant 3$, 注意到 $\alpha_1^2 - \alpha_1 + 2\alpha_1\alpha_2 \geqslant \alpha_1(\alpha_1 + \alpha_2)$, $\alpha_2^2 - \alpha_2 + 2\alpha_1\alpha_2 \geqslant \alpha_2(\alpha_1 + \alpha_2)$, 由算术–几何不等式, 我们有

$$3n > (1 + p_1^2 + \cdots + p_1^{2(\alpha_1-1)}) p_2^{2\alpha_2} + (1 + p_1^2 + \cdots + p_1^{2(\alpha_1-1)}) p_2^{2\alpha_2}$$
$$> (\alpha_1 + \alpha_2)(p_2^{2\alpha_2} \times p_1^2 p_2^{2\alpha_2} \times \cdots \times p_1^{2(2\alpha_1-1)} p_2^{2\alpha_2} \times p_1^{2\alpha_1} \times p_2^2 p_1^{2\alpha_1} \times \cdots$$
$$\times p_2^{2(2\alpha_2-1)} p_1^{2\alpha_1})^{\frac{1}{\alpha_1 + \alpha_2}}$$
$$\geqslant 3 p_1^{\frac{\alpha_1^2 - \alpha_1 + 2\alpha_1\alpha_2}{\alpha_1 + \alpha_2}} p_2^{\frac{\alpha_2^2 - \alpha_2 + 2\alpha_1\alpha_2}{\alpha_1 + \alpha_2}} \geqslant 3 p_1^{\alpha_1} p_2^{\alpha_2} = 3n.$$

矛盾! 故而当 $k = 2$ 时, $k = 2, \alpha_1 = \alpha_2 = 1$. 由引理 5.3, 定理 5.1 得证.

备注 5.1　对于 $a = 1, b > 1$, 我们尚无法确定, (5.2) 是否只有有限多个解.

5.4　与完美数有关的一个新猜想

在证明定理 5.1 和定理 5.2 之后, 我们还考虑了类似于立方和完美数问题, 证明了一个定理, 并提出了一个猜想.

定理 5.3　设 $n = pq$, p 和 q 是不同的素数, 若 $n \mid \sigma_3(n) = \sum_{d \mid n, d < n} d^3$, 则 $n = 6$; 设 $n = 2^\alpha p (\alpha \geqslant 1)$, p 是奇素数, 若 $n \mid \sigma_3(n)$, 则 n 是偶完美数, 反之亦然 (除去 28).

猜想 5.1　设 $n = p^\alpha q^\beta (\alpha \geqslant 1, \beta \geqslant 1)$, p 和 q 是不同的奇素数, 则 $n \mid \sigma_3(n)$ 成立当且仅当 n 是 28 以外的偶完美数.

为了证明定理 5.3, 我们需要下列引理.

引理 5.5 设素数 $p < q$, 满足 $p|q+1$, $q|p+1$, 则 $p = 2$, $q = 3$.

证 由引理条件易知, 存在正整数 k, 使得 $1 + p + q = kpq$. 若 $k = 1$, 则 $1 + p + q = pq$, 即 $(p-1)(q-1) = 2$, 故而 $p = 2$, $q = 3$. 而若 $k \geqslant 2$, 则 $kpq \geqslant 2pq > p + q + 1$. 引理 5.5 得证.

引理 5.6 设 x 和 y 为正整数, $y \geqslant 2$, 若 $\dfrac{x^2 - x + 1}{xy - 1}$ 为正整数, 则它必为 1.

证 当 $(x,y) = (1,2)$, 则有 $\dfrac{x^2 - x + 1}{xy - 1} = 1$. 若 $\dfrac{x^2 - x + 1}{xy - 1} = n \geqslant 2$, 则有

$$x^2 - (1 + ny)x + n + 1 = 0.$$

因此其判别式为平方数, 即存在整数 z, 满足

$$(1 + ny)^2 - 4(n+1) = z^2,$$

或

$$\begin{cases} 1 + ny + z = a, \\ 1 + ny - z = b. \end{cases}$$

此处 $ab = 4(n+1)$. 故而 $2ny = a + b - 2$, 也即

$$y = \frac{a+b-2}{2n} = \frac{a+b-2}{2\left(\dfrac{ab}{4} - 1\right)} = \frac{2a+2b-4}{ab-4}.$$

我们不妨设 $a \geqslant b > 0$. 若 $b \geqslant 5$, 则有

$$y = \frac{2a+2b-4}{ab-4} \leqslant \frac{2a+2b-4}{5a-4} < 1,$$

矛盾! 下设 $1 \leqslant b \leqslant 4$, 我们要验证都不可能.

若 $b = 1$, 则有 $a = 4(n+1) \geqslant 12$, 于是 $2 < y = \dfrac{2a-2}{a-4} < 3$.

若 $b = 2$, 则有 $a = 2(n+1) \geqslant 6$, 于是 $1 < y = \dfrac{a}{a-2} < 2$.

若 $b = 3$, 则有 $a = \dfrac{4}{3}(n+1) \geqslant 4$. 假如 $a \geqslant 6$, $y = \dfrac{2a+2}{3a-4} \leqslant 1$; 假如 $4 \leqslant a \leqslant 5$, $1 < y = \dfrac{2a+2}{3a-4} \leqslant 2$.

若 $b = 4$, 则有 $a = n + 1 \geqslant 3$. 假如 $a = 3$, $y = \dfrac{a+2}{2a-2} = \dfrac{5}{4}$; 假如 $a \geqslant 4$,
$y = \dfrac{a+2}{2a-2} \leqslant 1$.

引理 5.6 得证.

引理 5.7　若正整数 x 和 y 满足 $x|y^2 - y + 1, y|x^2 - x + 1$, 则有 $x = y = 1$.

证　假如 $x = y$, 易知 $x = y = 1$. 下面不妨设 $x > y$, 存在正整数 t_1, t_2, 满足

$$\begin{cases} y^2 - y + 1 = xt_2, \\ x^2 - x + 1 = yt_1. \end{cases}$$

若 $t_2 = y$, 则有 $y|1, x = y = 1$. 若 $t_2 > y$, 则有 $y^2 - y + 1 = xt_2 \geqslant (y+1)^2 = y^2 - y + 1$, 这不可能, 故必 $y > t_2$,

$$\begin{aligned} t_2^2 y t_1 &= t_2^2 \left(x^2 - x + 1 \right) \\ &= (xt_2)^2 - t_2 (xt_2) + t_2^2 \\ &= \left(y^2 - y + 1 \right)^2 - t_2 \left(y^2 - y + 1 \right) + t_2^2 \\ &= \left(y^2 - y \right)^2 + 2 \left(y^2 - y \right) - t_2 \left(y^2 - y \right) + t_2^2 - t_2 + 1. \end{aligned}$$

由此可得 $y \mid t_2^2 - t_2 + 1$, 即存在正整数 t_3, 满足 $t_2^2 - t_2 + 1 = yt_3$. 从而,

$$\begin{cases} t_2^2 - t_2 + 1 = yt_3, \\ y^2 - y + 1 = t_2 x, \end{cases}$$

这里 $y > t_2$. 继续进行下去, 可以求得 $x > y > t_2 > t_3 > \cdots > t_k = 1$, 满足

$$\begin{cases} t_{i+1} \mid t_i^2 - t_i + 1, \\ t_i \mid t_{i+1}^2 - t_{i+1} + 1. \end{cases}$$

因此, 我们可由 $t_k = 1$, 推出 $t_{k-1} = 1$, 直至 $x = y = t_2 = \cdots = t_k = 1$. 矛盾! 引理 5.7 得证.

定理 5.3 的证明　由 $n = pq(p < q)$, $\sigma_3(n) = 1 + p^3 + q^3 + p^3 q^3$, 假如 $n|\sigma_3(n)$, 则 $pq|1 + p^3 + q^3$, 故而 $p|q^3 + 1, q|p^3 + 1$. 再由因式分解, 上述条件等价于

$$\begin{cases} p \mid q+1, \\ q \mid p+1 \end{cases} \text{或} \begin{cases} p \mid q+1, \\ q \mid p^2 - p + 1 \end{cases} \text{或} \begin{cases} p \mid q^2 - q + 1, \\ q \mid p+1 \end{cases} \text{或} \begin{cases} p \mid q^2 - q + 1, \\ q \mid p^2 - p + 1. \end{cases}$$

由引理 5.5, 上述第 1 个整除条件仅有解 $(p,q) = (2,3), n = 6$. 而由引理 5.7, 第 4 个整除条件无解. 下面假设第 2 个整除条件成立, 则有 $pq|(q+1)(p^2 - p + 1)$, 或 $pq|p^2 - p + q + 1$, 即存在正整数 k, 使得 $p^2 - p + q + 1 = kpq$. 故而,

$$q = \frac{p^2 - p + 1}{kp - 1} \geqslant 2.$$

假如 $k = 1$, 我们有 $q = \dfrac{p^2 - p + 1}{kp - 1} = p + \dfrac{1}{p - 1}$, 同样可得 $(p,q) = (2,3)$. 假如 $k \geqslant 2$, 由引理 5.6, 第 2 个整除条件无解. 同理可证, 第 3 个整除条件无解. 定理 5.3 的前半部分得证.

下面来证明后半部分. 我们首先证明, 若 n 是 28 以外的偶完美数, 则 $n|\sigma_3(n)$. 易知, $\sigma_3(6) = 36$ 是 6 的倍数, 而 $\sigma_3(28) = 3160$ 不是 28 的倍数. 下设 $n = 2^{p-1}(2^p - 1), p \geqslant 5, 2^p - 1$ 是素数, 注意到,

$$2^{3p} - 1 = (2^p - 1)(2^{2p} + 2^p + 1) = 7\left(1 + 2^3 + 2^6 + \cdots + 2^{3(p-1)}\right).$$

我们有 $7|2^{2p} + 2^p + 1$,

$$
\begin{aligned}
\sigma_3(n) &= \sigma_3\left(2^{p-1}(2^p - 1)\right) \\
&= \left(1 + 2^3 + 2^6 + \cdots + 2^{3(p-1)}\right)\left(1 + (2^p - 1)^3\right) \\
&= (2^p - 1)\frac{2^{2p} + 2^p + 1}{7}2^p\left\{(2^p - 1)^2 - (2^p - 1) + 1\right\} \\
&= 2n\frac{2^{2p} + 2^p + 1}{7}\left\{(2^p - 1)^2 - (2^p - 1) + 1\right\}.
\end{aligned}
$$

由此可得, $n|\sigma_3(n)$.

其次, 我们要证明, 假如 $n = 2^{\alpha-1}p$, p 是奇素数, $\alpha \geqslant 2$, $n|\sigma_3(n)$, 则 α 是素数, $p = 2^\alpha - 1$, 即 n 是完美数. 注意到,

$$
\begin{aligned}
\sigma_3(n) &= \sigma_3\left(2^{\alpha-1}p\right) \\
&= \left(1 + 2^3 + 2^6 + \cdots + 2^{3(p-1)}\right)\left(1 + p^3\right) \\
&= \left(1 + 2^3 + 2^6 + \cdots + 2^{3(p-1)}\right)(1 + p)\left(1 - p + p^2\right) \\
&\equiv 0 \left(2^{\alpha-1}p\right).
\end{aligned}
$$

故而 $1+p \equiv 0 \,(\mathrm{mod}\, 2^{\alpha-1})$, $1 + 2^3 + 2^6 + \cdots + 2^{3(p-1)} \equiv 0 (\mathrm{mod}\, p)$. 存在正整数 k_1, k_2 满足 $p = k_1 2^{\alpha-1} - 1$, $1 + 2^3 + 2^6 + \cdots + 2^{3(p-1)} = \dfrac{2^{3\alpha} - 1}{7} = k_2 p$. 因此,

$$2^{3\alpha} - 1 = (2^\alpha - 1)\left(2^{2\alpha} + 2^\alpha + 1\right) = 7 k_2 \left(k_1 2^{\alpha-1} - 1\right). \tag{5.9}$$

如果 $k_1 = 1$, 则 $p = 2^{\alpha-1} - 1$, 注意到 $(2^\alpha - 1, 2^{\alpha-1} - 1) = 1$, 由 (5.9) 可得 $2^{2\alpha} + 2^\alpha + 1 \equiv 0 \,(\mathrm{mod}\, 2^{\alpha-1} - 1)$. 故而,

$$0 \equiv \left(2^{\alpha-1} - 1\right)\left(2^{\alpha+1} + 6\right) + 7 \equiv 7 \,\left(\mathrm{mod}\, 2^{\alpha-1} - 1\right),$$

$\alpha = 4$. 因此 $n = 2^{\alpha-1} p = 2^3 \left(2^3 - 1\right) = 56$, 然而 $\sigma_3(56) = 23624$ 却不被 56 整除. 矛盾!

如果 $k_1 \geqslant 3$, 由 (5.9), $2^{2\alpha} + 2^\alpha + 1 \equiv 0 \,(k_1 2^{\alpha-1} - 1)$, 存在正整数 k_3,

$$2^{2\alpha} + 2^\alpha + 1 = k_3 \left(k_1 2^{\alpha-1} - 1\right). \tag{5.10}$$

故而 $2^{\alpha-1} \mid k_3 + 1$, 存在正整数 k_4, 满足 $k_3 = k_4 2^{\alpha-1} - 1$. 将此式代入 (5.10), 可得

$$2^{2\alpha} + 2^\alpha + 1 = \left(k_4 2^{\alpha-1} - 1\right)\left(k_1 2^{\alpha-1} - 1\right).$$

因此,

$$2^{\alpha-1} = \frac{2 + k_1 + k_4}{k_1 k_4 - 4} \geqslant 2,$$

或

$$(k_1 - 1)(k_4 - 1) + k_1 k_4 \leqslant 11. \tag{5.11}$$

由 $k_1 \geqslant 3$, 可知 $k_4 = 1$ 或 2.

若 $k_4 = 1$, 由 (5.11), $3 \leqslant k_1 \leqslant 11$. 注意到 $2^{\alpha-1} = \dfrac{2 + k_1 + k_4}{k_1 k_4 - 4} = \dfrac{k_1 + 3}{k_1 - 4}$, 故 $k_1 = 5, \alpha = 4, p = k_1 2^{\alpha-1} - 1 = 39$, 或 $k_1 = 11, \alpha = 2, p = k_1 2^{\alpha-1} - 1 = 21$, 两者皆不可能.

若 $k_4 = 2$, 由 (5.11), $k_1 \leqslant 4, k_1 = 3$ 或 4. 注意到 $2^{\alpha-1} = \dfrac{2 + k_1 + k_4}{k_1 k_4 - 4} = \dfrac{k_1 + 4}{2k_1 - 4}$, 故而 $k_1 = 4, \alpha = 2, n = 2^{\alpha-1} p = 2^{\alpha-1}\left(k_1 2^{\alpha-1} - 1\right) = 14$. 可是, $\sigma_3(14) =$

352 不是 14 的倍数. 矛盾!

综合以上, 可推出 $k_1 = 2$, 故而 $p = k_1 2^{\alpha-1} - 1 = 2^\alpha - 1$, 且 α 为素数, 因此 n 为完美数. 定理 5.3 得证.

2018 年, 姜兴旺 (On the even perfect numbers, Colloq. Math., 154(1), 131-136) 证明了: 当 $p = 2, q$ 是奇素数时, 猜想 5.1 成立. 亦即, 他证明了:

设 $n = 2^\alpha q^\beta (\alpha \geqslant 1, \beta \geqslant 1)$, q 是奇素数, 则 $n | \sigma_3(n)$ 成立当且仅当 n 是 28 以外的偶完美数.

2019 年, 钟豪在他的博士学位论文中证明了:

设 $n = pq^\alpha (\alpha \geqslant 1)$, p 和 q 是不同的奇素数, $q = 3$ 或 $q \equiv 2 (\mathrm{mod} 3)$, 则 $n | \sigma_3(n)$ 成立当且仅当 n 是 28 以外的偶完美数.

2020 年, 伊利诺伊大学的 Hung Viet Chu(arXiv: 2001.08633v1) 证明了:

设 $k > 2$ 是素数, $2^k - 1$ 是梅森素数. 设 $2^\alpha p(\alpha \geqslant 1)$, $p < 3 \cdot 2^\alpha - 1$ 是奇素数, 则 $n | \sigma_k(n)$ 当且仅当 n 是不为 $2^{k-1}(2^k - 1)$ 的完美数; 又设 $n = 2^\alpha q^\beta (\alpha \geqslant 1, \beta \geqslant 1)$, 则 $n | \sigma_5(n)$ 成立当且仅当 n 是 496 以外的偶完美数.

2021 年, Hung Viet Chu 又证明了 (What's special about the perfect number 6? Amer. Math. Monthly, 2021, 128(1): 87): 设 n 是偶完美数, 则 $n | \sigma_k(n)$ 对所有的奇数 k 成立当且仅当 $n = 6$.

汪小俞发现并证明, 若 n 是偶完美数, 则对任意偶数 k, $n \nmid \sigma_k(n)$.

5.5　带常数项的平方完美数

2013 年春天, 作者提出了更一般的平方和完美数形式, 即右边含有常数项的形式, 我们研究了下列方程的解:

$$\sum_{d|n, d < n} d^2 = An + B. \tag{5.12}$$

当 $B = 0$ 时, 此即 5.1 节考虑过的问题, 因此可设 $B \neq 0$. 我们 (蔡天新, 王六权, 张勇, Perfect numbers and Fibonacci primes (II). Integers, 2019, 19(A21): 1-10) 证明了:

定理 5.4   (i) 假如 $A = 0, B = 1$, 则 (5.12) 的所有解为 $n = p, p$ 是素数.

(ii) 假如 $A = 1, B = 1$, 则 (5.12) 的所有解为 $n = p^2, p$ 是素数.

(iii) 假如 $(A, B) \neq (0, 1), (1, 1)$, 则除了有限多个在范围 $n \leqslant (|A| + |B|)^3$ 内可计算的解以外, (5.12) 的所有解为 $n = pq$, 这里 $p < q$ 为素数, 满足

$$p^2 + q^2 + (1 - B) = Apq. \tag{5.13}$$

对一些特殊的 A 和 B, 方程 (5.13) 总有解. 假设 s 为任意正整数, F_{2s} 和 L_{2s} 为斐波那契数和卢卡斯数, 我们有

定理 5.5   除去有限个在范围 $n \leqslant \left(L_{2m} + F_{2m}^2 - 1\right)^3$ 内的可计算的解以外, 方程

$$\sum_{d \mid n, d < n} d^2 = L_{2m} n - \left(F_{2m}^2 - 1\right) \tag{5.14}$$

的所有解为

$$n = F_{2k+1} F_{2k+2m+1} \quad (k \geqslant 0),$$

或

$$n = F_{2k+1} F_{2m-2k-1} \quad \left(0 \leqslant k < m, k \neq \frac{m-1}{2}\right),$$

这里 F_{2k+1} 和 $F_{2k+2m+1}$ (或 $F_{2m-2k-1}$) 为斐波那契素数.

特别地, 若 $m = 1$, (5.14) 为 (5.1), 定理 5.5 即为定理 5.1.

值得一提的是, 当 $1 \leqslant m \leqslant 5$, 利用 Mathematica 程序包计算, 获知 (5.14) 没有例外解, 其中 $1 \leqslant m \leqslant 3$ 的所有解如表 5.1 所示.

当 $m = 6$ 时, (5.14) 变成

$$\sum_{d \mid n, d < n} d^2 = 322n - 20735.$$

此方程唯一的例外解是 $n = 1755 = 3^3 \cdot 5 \cdot 13$.

表 5.1   方程 (5.14) 的解 $(1 \leqslant m \leqslant 3)$

m	$L_{2m} n - \left(F_{2m}^2 - 1\right)$	n
1	$3n$	$F_3 F_5, F_5 F_7, F_{11} F_{13}, F_{431} F_{433}, F_{569} F_{571}$
2	$7n - 8$	$F_3 F_7, F_7 F_{11}, F_{13} F_{17}, F_{43} F_{47}$
3	$18n - 63$	$F_5 F_{11}, F_7 F_{13}, F_{11} F_{17}, F_{17} F_{23}, F_{23} F_{29}, F_{131} F_{137}$

定理 5.4 的证明 (i) 是显然的. 下设 $(A, B) \neq (0, 1)$. 假如 (5.12) 有解 $n > (|A| + |B|)^3$, 设 $n = abc, 1 < a < b < c$, 由算术–几何不等式可得

$$\sum_{d|n, d<n} d^2 \geqslant a^2 b^2 + b^2 c^2 + c^2 a^2 \geqslant 3 \left(a^4 b^4 c^4 \right)^{\frac{1}{3}} = 3n^{\frac{4}{3}}$$

$$> n(|A| + |B|) \geqslant nA + B.$$

矛盾! 故而 n 不能是三个大于 1 的不同整数的乘积.

用 $\omega(n)$ 表示 n 的不同素因子的个数, 若 $\omega(n) \geqslant 3$, 则 n 一定可以表成 3 个大于 1 的不同正整数的乘积. 如前面所证, 那将会导致矛盾! 故我们可设 $\omega(n) \leqslant 2$.

假如 $\omega(n) = 1$, 设 $n = p^\alpha$, 若 $\alpha \geqslant 6$, 则 $n = p \cdot p^2 \cdot p^{\alpha-3}$, 同样可以表示成 3 个大于 1 的不同整数的乘积而导致矛盾. 故而, 可设 $\alpha \leqslant 5$.

若 $\alpha = 1$, (5.12) 变成 $Ap + B = 1$, 故而有唯一解 $p = (1 - B)/A$.

若 $\alpha = 2$, 由 (5.12) 可得 $p^2(1 - A) = B - 1$. 如果 $A = B = 1$, 则存在无穷多个解 $n = p^2$, 此即 (ii). 如果 $A = 1, B \neq 1$, 则 (5.12) 无解. 如果 $A \neq 1$, 则 (5.12) 至多只有一个解 $n = p^2 = (B - 1)/(1 - A)$.

若 $3 \leqslant \alpha \leqslant 5$, 由 (5.12) 可推出 $p \left(p + p^3 + \cdots + p^{2\alpha-3} - Ap^{\alpha-1} \right) = B - 1$. 注意到,

$$p + p^3 + \cdots + p^{2\alpha-3} - Ap^{\alpha-1} \equiv p \left(\operatorname{mod} p^2 \right),$$

因此 $p + p^3 + \cdots + p^{2\alpha-3} - Ap^{\alpha-1} \neq 0, p^2 \mid B - 1$. 倘若 $A = 0, B = 2$ 或 3, 易知 (5.12) 无解. 对其他情形, 恒有 $n = p^\alpha \leqslant p^5 \leqslant (1 + |B|)^{5/2} \leqslant (|A| + |B|)^3$. 矛盾!

假如 $\omega(n) = 2$, 记 $n = p^\alpha q^\beta$. 若 $3 \geqslant \alpha$, 则有 $n = p \cdot p^{\alpha-1} q^\beta$, 即致矛盾. 故而 $\alpha \leqslant 2$, 同理 $\beta \leqslant 2$. 下面分三种情况.

如果 $(\alpha, \beta) = (2, 2)$, 则有 $n = p \cdot q \cdot pq$, 即致矛盾!

如果 $(\alpha, \beta) = (1, 2)$, 则有

$$\sum_{d|n, d<n} d^2 = 1 + p^2 + p^2 q^2 + q^2 + q^4 = Apq^2 + B \leqslant (|A| + |B|)pq^2.$$

由此可以推出 $p < |A| + |B|, q^2 < (|A| + |B|)p$, 故而,

$$n = pq^2 < (|A| + |B|)^2 p < (|A| + |B|)^3.$$

矛盾!

类似地, 若 $(\alpha, \beta) = (2, 1)$, 也可推出 $n < (|A| + |B|)^3$. 矛盾!

最后, 若 $(\alpha, \beta) = (1, 1)$, 由 (5.12) 即可推出 (5.13), (iii) 获证. 定理 5.4 得证.

为证明定理 5.5, 我们需要下列两个引理.

引理 5.8　设 $m \geqslant n$ 是非负整数, 则有

(i) $5F_n^2 + 4(-1)^n = L_n^2$;

(ii) $L_m L_n + 5 F_m F_n = 2 L_{m+n}$;

(iii) $F_n L_m = F_{n+m} + (-1)^m F_{n-m}$;

(iv) $L_n F_m = F_{n+m} - (-1)^m F_{n-m}$;

(v) $5 F_m F_n = L_{m+n} - (-1)^m L_{n-m}$.

引理 5.9　方程 $x^2 - 5y^2 = -4$ 和 $x^2 - 5y^2 = 4$ 的所有非负整数解分别为 $(x, y) = (L_{2n+1}, F_{2n+1})$ 和 $(x, y) = (L_{2n}, F_{2n})$ $(n \geqslant 0)$.

定理 5.5 的证明　首先, 我们注意到, (5.13) 与下列方程等价,

$$(2p - Aq)^2 - (A^2 - 4)q^2 = 4(B - 1). \tag{5.15}$$

取 $A = L_{2m}, B = -F_{2m}^2 + 1$, 则有

$$(2p - L_{2m}q)^2 - (L_{2m}^2 - 4)q^2 = -4F_{2m}^2.$$

由引理 5.8(i), 上述方程可转化为 $(2p - L_{2m}q)^2 - 5F_{2m}^2 q^2 = -4F_{2m}^2$, 这意味着 $F_{2m} \mid 2p - L_{2m}q$. 设 $2p - L_{2m}q = uF_{2m}$, 则有 $u^2 - 5q^2 = -4$. 由引理 5.9, $(u, q) = (\pm L_{2k+1}, F_{2k+1})$, 其中 k 为任意非负整数.

如果 $(u, q) = (L_{2k+1}, F_{2k+1})$, 则 $p = \dfrac{1}{2}(L_{2m}F_{2k+1} + L_{2k+1}F_{2m})$. 利用引理 5.8(iii) 和 (iv), 可得 $p = F_{2k+2m+1}$, 故而 $n = F_{2k+1}F_{2k+2m+1}$, 这里 F_{2k+1} 和 $F_{2k+2m+1}$ 均为素数.

如果 $(u, q) = (-L_{2k+1}, F_{2k+1})$, 则 $p = \dfrac{1}{2}(L_{2m}F_{2k+1} - L_{2k+1}F_{2m})$.

若 $2k+1 > 2m$, 则由引理 5.8(iii) 和 (iv), 可得 $p = F_{2k-2m+1}$, 故而 $n = F_{2k+1}F_{2k-2m+1}$.

若 $2k+1 < 2m$, 则由引理 5.8(iii) 和 (iv), 可得 $p = F_{2m-2k-1}$, 故而 $n = F_{2k+1}F_{2m-2k-1}$. 定理 5.5 得证.

5.6 平方完美数与孪生素数猜想

上节我们讨论了带常数项的平方完美数, 那是斐波那契数和卢卡斯数的结合. 如果只考虑卢卡斯数, 也可以求得相应的结果. 下面是我们得到的两个定理, 可以利用引理 5.8(ii) 和 (v) 来证明, 此处略, 参见 (蔡天新, 王六权, 张勇, Perfect numbers and Fibonacci primes (II). Integers, 2019, 19(A21): 1-10).

定理 5.6　除去有限个在范围 $n \leqslant \left(L_{2m}^2 + L_{2m} - 3\right)^3$ 内可计算的解以外, 方程

$$\sum_{d|n, d<n} d^2 = L_{2m}n - \left(L_{2m}^2 - 3\right) \tag{5.16}$$

的所有解为 $n = L_{2k-1}L_{2k+2m-1}$, 这里 L_{2k-1} 和 $L_{2k+2m-1}$ 均为素数.

定理 5.7　除去有限个在范围 $n \leqslant \left(L_{2m}^2 + L_{2m} - 5\right)^3$ 内可计算的解以外, 方程

$$\sum_{d|n, d<n} d^2 = L_{2m}n - \left(L_{2m}^2 - 5\right)$$

的所有解为

(i) $n = L_{2k}L_{2k+2m}(k \geqslant 0)$, 这里 L_{2k} 和 L_{2k+2m} 均为素数;

(ii) $n = L_{2k}L_{2m-2k}\left(0 \leqslant k \leqslant m, m \neq \dfrac{m}{2}\right)$, 这里 L_{2k} 和 L_{2m-2k} 均为素数.

值得一提的是, 当 $1 \leqslant m \leqslant 5$, 利用 Mathematica 程序包计算, 获知 (5.16) 没有例外解, 其中 $1 \leqslant m \leqslant 3$ 的所有解如表 5.2 所示.

表 5.2   方程 (5.16) 的解 $(1 \leqslant m \leqslant 3)$

m	$L_{2m}n + (L_{2m}^2 - 3)$	n
1	$3n + 6$	$L_5L_7, L_{11}L_{13}, L_{17}L_{19}$
2	$7n + 46$	$L_7L_{11}, L_{13}L_{17}, L_{37}L_{41}, L_{613}L_{617}$
3	$18n + 321$	$L_5L_{11}, L_7L_{13}, L_{11}L_{17}, L_{13}L_{19},$
		$L_{31}L_{37}, L_{41}L_{47}, L_{47}L_{53}, L_{4787}L_{4793}$

表 5.2 中的两个解 $n = L_{613}L_{617}$ 和 $n = L_{4787}L_{4793}$ 分别有 258 位和 2003 位.

图 5.2   德波利尼亚克家
　　　　族徽记

1849 年, 法国数学家德波利尼亚克 (Alphonse de Polignac, 1826—1863) 提出了下列猜想:

猜想 5.2 (德波利尼亚克)   对任意自然数 k, 存在无穷多对素数 p 和 q, 满足 $p - q = 2k$.

特别地, 当 $k = 1$ 时, 此即著名的孪生素数猜想.

回顾上节, 我们在证明定理 5.4 的同时, 还可以得到

定理 5.8   设 A 和 k 是正整数, 考虑方程

$$\sum_{d|n, d<n} d^2 = An + (k^2 + 1), \tag{5.17}$$

则 (i) 若 $A \neq 2$, 或者 k 为奇数, 则 (5.17) 只有有限多个解.

(ii) 若 $A = 2, k$ 为偶数, 则除去有限个在范围 $n \leqslant (|A| + k^2 + 1)^3$ 内可计算的解以外, 方程 (5.17) 的所有解为 $n = p(p + k)$, 其中 p 和 $p + k$ 均为素数.

推论 5.1   任给正整数 k, 方程

$$\sum_{d|n, d<n} d^2 = 2n + 4k^2 + 1$$

有无穷多个解, 当且仅当德波利尼亚克猜想成立.

特别地, 当 $k = 1$ 时, 我们有

推论 5.2   方程

$$\sum_{d|n, d<n} d^2 = 2n + 5$$

有无穷多个解, 当且仅当孪生素数猜想成立.

我们还发现, 对任意正整数 k, 方程

$$\sum_{d|n,d<n} 2kd^2 - (2k-1)d = (4k^2+1)n + 2$$

有无穷多个解, 当且仅当存在无穷多个 p, 使得 $2kp+1$ 也为素数. 特别地, 若 $k=1$, 意味着索菲·热尔曼素数有无穷多个. 而若存在无穷多个素数 p, 使得 $2kp-1$ 为素数, 则当且仅当方程

$$\sum_{d|n,d<n} 2kd^2 + (2k-1)d = (4k^2+1)n + 4k$$

有无穷多个解.

定理 5.8 的证明　设 $n > (|A|+k^2+1)^3$ 是 (5.17) 的解, 由定理 5.4(iii) 可得, $n = pq, p$ 和 q 是不同的素数, 满足 $p^2+q^2-k^2 = Apq$. 设 $p < q$, 注意到 $q|(p-k)(p+k)$.

若 $p = k$, 则 $q = Ak, n = Ak^2 < (|A|+k^2+1)^3$, 矛盾！

若 $p < k$, 则 $p+k < 2k$. 由 $p < q$ 知, $q|(p+k)$. 故而 $n < 2k^2 < (|A|+k^2+1)^3$. 矛盾！

若 $p > k$, 则 $q|p+k$. 注意到 $2q > 2p > p+k$, 故而 $q = p+k$. 因此, $A = (p^2+q^2-k^2)/pq = 2, n = p(p+k)$. 当 $p \geqslant 3$ 时, k 必为偶数.

反之, 若 $A = 2, k$ 是偶数, 则 p 和 $p+k$ 均为素数, $n = p(p+k)$ 是 (5.17) 的解.

定理 5.8 得证.

值得一提的是, 德波利尼亚克家族是法国望族, 18 世纪便有了第一代公爵, 而德波利尼亚的父亲曾担任国王路易十世的首相.

5.7　费尔马素数与 GM 数

我们在 1.6 节曾讨论形如 $M_p = 2^p - 1$ 的素数, 即梅森素数, 它与偶完美数一一对应. 而在梅森研究梅森素数之前 4 年, 即 1640 年, 费尔马也给出了一个公式, 即

$$F_n = 2^{2^n} + 1.$$

后人称之为费尔马数, 并把其中是素数的数称为费尔马素数. 费尔马本人验证了当 $n = 0, 1, 2, 3, 4$ 时 F_n 均为素数, 它们分别是 3, 5, 17, 257, 65537. 他因此猜测, 对于任意非负整数 n, F_n 均为素数.

这个猜想存在了将近一个世纪, 直到 1732 年, 客居圣彼得堡的欧拉证明了: F_5 不是素数. 那时, 欧拉还不满 25 岁. 事实上, 欧拉证明的是 $641 | F_5$, 他的方法如下:

设 $a = 2^7, b = 5$, 则 $a - b^3 = 3$, $1 + ab - b^4 = 1 + 3b = 2^4$, 于是

$$F_5 = (2a)^4 + 1 = (1 + ab - b^4)a^4 + 1 = (1 + ab)a^4 + 1 - a^4 b^4$$

$$= (1 + ab)\{a^4 + (1 - ab)(1 + a^2 b^2)\},$$

其中 $1 + ab = 641$.

从那以后, 数学家们又检验了 40 多个 n, 包括 $5 \leqslant n \leqslant 32$, 结果发现都不是素数, 但却无人知晓 F_{20} 和 F_{24} 的素因子. 也就是说, 再也没有找到一个费尔马素数, 这与梅森素数不间断出现不一样. 值得一提的是, 由于 $F_n = F_0 F_1 \cdots F_{n-1} + 2$, 故任意两个费尔马数互素, 这条性质是由哥德巴赫发现的.

关于费尔马数, 仍有许多难解之谜. 例如, $n > 4$ 时, F_n 是否均为合数? 是否存在无穷多个费尔马合数? 是否存在无穷多个费尔马素数? 最后一个问题是由德国数学家艾森斯坦 (Ferdinand Eisenstein, 1823—1852) 在 1844 年提出来的. 可以说, 在费尔马大定理 (Fermat's Last Theorem) 证明以后, 费尔马素数问题才是费尔马最后的问题.

一般来说, 广义费尔马数被定义为 $a^{2^n} + b$, 其中 a 为偶数, b 为奇数. 不难

发现, 前 6 个 $2^{2^n} + 15 (0 \leqslant n \leqslant 5)$ 均为素数, 它们是 17, 19, 31, 271, 65551, 4294967391. 除此以外, 并没有太多的意义, 我们同样不知道, 是否存在无穷多个广义费尔马素数或合数?

2014 年, 作者受完美数的启发, 定义了 GM 数, 即满足 $s = 2^\alpha + t$ 的正整数 s, 其中 t 是 s 的真因子之和, α 是正整数. 当 s 是奇素数时, t 为 1, s 必然是费尔马素数. 故而, GM 数是费尔马素数的推广.

之所以起这个名字, 是作者在思考这个问题的时候, 正值哥伦比亚作家加西亚·马尔克斯 (García Márquez, 1927—2014) 逝世, 他的代表作《百年孤独》让人想起那些数个世纪难以攻克的数学难题. 我们曾在互联网上询问, 是否存在非素数的奇 GM 数? 结果, 网友 Alpha 帮助找到两个, 它们是

$$19649 = 7^2 \times 401 = 2^{14} + 3265,$$

$$22075325 = 5^2 \times 883013 = 2^{24} + 5298109.$$

图 5.3 《百年孤独》西班牙文初版封面 (1967)　图 5.4 戴头蓬帽的加西亚·马尔克斯 (1984)

后来有人验证, 在 2×10^{10} 范围内仅此 2 个非素数的奇 GM 数, 加上已知的费尔马素数, 目前共 7 个奇 GM 数. 至于偶 GM 数, 那要多得多, 100 以内的有 6 个, 即

$$10, 14, 22, 38, 44, 92$$

这是因为, $10 = 2 + 8$, $14 = 2^2 + 10$. 在 10^6 和 10^8 范围内经过搜索, 分别有 146 个和 350 个偶 GM 数.

更一般地, 考虑形如 $2^\alpha + 2^\beta - 1$ 的素数, 其中 α, β 是正整数, 则它包含所有的费尔马素数和梅森素数. 我们有两个问题或猜想:

(1) 存在无穷多个形如 $2^\alpha + 2^\beta - 1$ 的素数.

(2) 存在无穷多个偶 GM 数.

显而易见, 由 (1) 可以推出 (2). 这是因为, 若 $p = 2^\alpha + 2^\beta - 1$ 是素数, 则 $2^{\alpha-1}p$ 和 $2^{\beta-1}p$ 均为 GM 数.

我们注意到, 从 2 进制的角度来看, 每个奇素数均可唯一表示成

$$1 + 2^{n_1} + \cdots + 2^{n_k} \quad (1 \leqslant n_1 < \cdots < n_k).$$

我们的问题是, 对给定的正整数 k, 能够表示成上式的素数是否有无穷多个? 这是艾森斯坦问题 ($k = 1$) 的推广. 对于任意素数, 我们可以按 k 分阶, 则 1 阶素数包括 2 和费尔马素数, 2 阶素数有 7, 11, 13, 19, 41, $\cdots$, 3 阶素数有 23, 29, 43, 53, $\cdots$, 等等.

另一方面, 令 $t = \sum\limits_{i=1}^{k} n_i$, 我们可以把奇素数按 t 的大小分类, 则每类的元素均是有限个. 例如, 1—3 类各有一个元素, 分别是 3, 5, 7; 4—5 类各有两个元素, 分别是 11, 17 和 13, 19; 6 类则是空集; 7—8 类各有 3 个元素, 分别是 23, 37, 67 和 41, 131, 257, 等等. 我们的问题是, 除 6 以外各类是否均非空集?

除了上述问题, 我们也有肯定的结果. 例如, 对任意的奇数 $n > 1$, $1 + 2 + 2^{2^n}$ 均为合数; 任给整数 $i > 1$, 存在唯一的正整数 k 满足 $i \equiv 2^{k-1} + 1 \pmod{2^k}$, 使对任意的 $n \geqslant k$,

$$1 + 2^i + 2^{2^n}$$

恒为合数. 特别地, 存在无穷多对不同的正整数 $\{m, n\}$, 使得 $1 + 2^{2^m} + 2^{2^n}$ 为合数.

事实上, 当 n 是奇数时, $1 + 2 + 2^{2^n}$ 为 7 的倍数; 而若设 $i = 2^{k-1} + 1 + 2^k s$,

则

$$1 + 2^i + 2^{2^n} = 1 + 2(2^{2^{k-1}})^{2s+1} + (2^{2^{k-1}})^{2^{m-k+1}} \equiv 1 - 2 + 1 = 0(\mathrm{mod} F_{k-1}).$$

此处 F_{k-1} 是第 $k-1$ 个费尔马数.

从 2 进制联想到 3 进制, 考虑形如 $\dfrac{3^{2^n}+1}{2}$ 的素数, 当 $n = 0, 1, 2, 4$ 时, 分别为素数 2, 5, 41, 21523361, 而 $n = 3$ 时为合数 $3281 = 17 \times 193$; 相比之下, 形如 $3^{2^n} + 2$ 的素数更多一些.

5.8 abcd 方程

2013 年初, 作者偶然定义了下列 abcd 方程, 没想到它也与斐波那契序列产生紧密的联系. 其研究方法很丰富, 且难度无法估量. 无论对其有解性的判断, 还是有解时解的个数和结构, 都是非常值得探讨的问题. 对此我们 (蔡天新, 陈德溢, On abcd problem, 参见 [2]) 做了初步的探讨.

定义 5.1 设 n 是正整数, a, b, c, d 是正有理数, 所谓 abcd 方程是指

$$n = (a+b)(c+d), \tag{5.18}$$

其中

$$abcd = 1.$$

由算术–几何不等式, $(a+b)(c+d) \geqslant 2\sqrt{ab} \times 2\sqrt{cd} = 4$, 故当 $n = 1, 2$ 或 3 时 (5.18) 无解. 另一方面, $4 = (1+1)(1+1), 5 = (1+1)\left(2 + \dfrac{1}{2}\right)$.

容易看出, 若 (5.18) 有正有理数解, 则

$$n = x + \frac{1}{x} + y + \frac{1}{y} \tag{5.19}$$

也有正有理数解. 反之亦然, 这是因为

$$x + \frac{1}{x} + y + \frac{1}{y} = (x+y)\left(1 + \frac{1}{xy}\right).$$

不难看出, 每一组 (5.19) 的解都对应于 (5.18) 的无穷多组解 $\left(ka, kb, \dfrac{c}{k}, \dfrac{d}{k}\right)$. 特别地, 当 $n = 4$ 和 5 时, (5.19) 有唯一解, 分别为 $(x, y) = (1, 1)$ 和 $(x, y) = (2, 2)$. 前者显而易见, 后者的证明需要用到椭圆曲线理论.

定理 5.9　如果 $8|n$, 或 $2\|n$, 则 abcd 方程无解; 如果 n 为奇数或 $4\|n$, 且 n 含有模 4 余 3 的素因子时, 则 abcd 方程也无解.

证　如果 (5.19) 有解, 即存在正整数 a,b,c,d, 使得

$$n = \frac{a}{b} + \frac{b}{a} + \frac{c}{d} + \frac{d}{c}, \quad (a,b) = (c,d) = 1.$$

等式两端同乘以 ab, 则有

$$abn - (a^2 + b^2) = \frac{ab}{cd}(c^2 + d^2).$$

因为 $(cd, c^2 + d^2) = 1$, 故必 $cd \mid ab$, 否则右边不为整数. 同理可证, $ab \mid cd$, 故而 $ab = cd$.

另一方面, 我们有

$$abn = a^2 + b^2 + c^2 + d^2 = (a \pm b)^2 + (c \mp d)^2. \tag{5.20}$$

按奇偶性、对称性和 $ab = cd$, 可将 (a,b,c,d) 分成两种情况, 即 (奇, 奇, 奇, 奇) 和 (奇, 偶, 奇, 偶). 由偶数的平方模 4 余 0, 奇数的平方模 8 余 1 可以推得, 当 $8|n$, 或 $2\|n$ 时, (5.20) 无解, 从而 abcd 方程无解.

事实上, 若 $8 \mid n$, (5.20) 左边模 8 余 0, 第 1 种情形, (5.20) 中间模 8 余 4; 第 2 种情形, (5.20) 右边模 8 余 2, 故而无解.

若 $2\|n$, 第 1 种情形, (5.20) 左边模 4 余 2, 右边模 4 余 0, 第 2 种情形, (5.20) 左边模 4 余 0, 中间或右边模 4 余 2, 故也无解.

当 n 为奇数或 $4\|n$ 时, 由二次剩余理论可知, (5.20) 左边或 n 不能含有模 4 余 3 的素因子. 不然的话, 设素数 $p \equiv 3 \pmod 4$, 若 $p \mid c+d, p \mid c-d$, 则 $p \mid (c,d)$. 矛盾! 又若 $p \nmid c \pm d$, 则有 $\left(\dfrac{-(c \pm d)^2}{p} \right) = -1$, 其中 $\left(\dfrac{x}{p} \right)$ 是勒让德符号. 矛盾! 定理 5.9 得证.

下面我们考虑方程

$$n = \left(a + \frac{1}{a} \right) \left(b + \frac{1}{b} \right), \tag{5.21}$$

此处 a 和 b 均是正整数. 显然, 若 (5.21) 有解, 则 abcd 方程也有解. (5.21) 有解当且仅当 $(a,b) = 1$, 且

$$a \,\big|\, (b^2 + 1), \quad b \,\big|\, (a^2 + 1).$$

不难发现, 上式等价于

$$a^2 + b^2 + 1 \equiv 0 \pmod{ab},$$

或等价于存在正整数 q,

$$a^2 + b^2 + 1 = qab.$$

又由引理 5.3 节和引理 5.4 知, 上述方程有解当且仅当 $q = 3$, 此时 (5.21) 的所有解为 $a = F_{2k-1}, b = F_{2k+1}$. 此即

定理 5.10 当 $n = F_{2k-3}F_{2k+3}(k \geqslant 0)$ 时, abcd 方程有解, 且其解为 $(a, b) = (F_{2k-1}, F_{2k+1})$.

由定理 5.10 可知, 存在无穷多个 n (4, 5, 13, 68, 445, 3029, 20740, $\cdots$), 使得 abcd 方程有解.

不仅如此, 利用 4.9 节的皮萨罗周期, 我们可以证明

定理 5.11 若 n 为奇数, (5.21) 有解, 则必 $n \equiv 5 \pmod 8$. 若 n 为偶数, (5.21) 有解, 则必 $n = 4m, m \equiv 1 \pmod{16}$.

证 若 (5.21) 有解, 由定理 5.10 的证明, $n = F_{2k-3}F_{2k+3}$. 由 4.9 节知, 斐波那契序列对模 8 的皮萨罗循环是 $\{1,1,2,3,5,0,5,5,2,7,1,0\}$, 长度为 12. 故而, n 的循环长度为 6. 当 $k = 3$ 或 6 时, n 为偶数; 而当 $k = 1, 2, 4$ 或 5 时, 有 $n \equiv 5 \pmod 8$. 故而易知, n 为偶数, (5.21) 有解时, $n = F_{6k-3}F_{6k+3}$. 又因为斐波那契数满足 $F_{6s+3} \equiv 2 \pmod{32}$, 即形如 $32k + 2$, 两数相乘后必有 $n \equiv 4 \pmod{64}$. 定理 5.11 得证.

现在考虑方程

$$n = \left(\frac{a}{b} + \frac{b}{a}\right)\left(\frac{c}{d} + \frac{d}{c}\right), \tag{5.22}$$

此处 a, b, c 和 d 均为正整数, 且 $(a, b) = (c, d) = 1$.

显然, (5.21) 是 (5.22) 的特殊情形. 若 (5.22) 有解, 则 (5.18) 和 (5.19) 也有解. 反之亦然. 事实上, 若 (5.18) 有解, 取 $x = \frac{a_1}{b_1}, y = \frac{c_1}{d_1}$, 注意到由定理 5.9 的证明, 有 $a_1 b_1 = c_1 d_1$. 代入 (5.19), 即得

$$n = (x + y)\left(1 + \frac{1}{xy}\right) = \left(\frac{a_1}{c_1} + \frac{c_1}{a_1}\right)\left(\frac{c_1}{b_1} + \frac{b_1}{c_1}\right),$$

故 (5.22) 有解. 我们把 (5.18), (5.19) 和 (5.22) 通称为 abcd 方程.

对于 (5.22), 目前我们只获得部分结果. 例如 $b=1$ 时, 有以下新解,

当 $2c\,|\,a^2+1, a\,|\,c^2+4$, 有解:

$$1237 = \left(\frac{17}{1}+\frac{1}{17}\right)\left(\frac{145}{2}+\frac{2}{145}\right)$$

$$6925 = \left(\frac{337}{1}+\frac{1}{337}\right)\left(\frac{41}{2}+\frac{2}{41}\right)$$

其中 1237 是素数; 当 a,c,d 是奇数, $cd\,|\,a^2+1, a\,|\,c^2+d^2$, 有解:

$$580 = \left(\frac{157}{1}+\frac{1}{157}\right)\left(\frac{5}{17}+\frac{17}{5}\right),$$

$$1156 = \left(\frac{73}{1}+\frac{1}{73}\right)\left(\frac{13}{205}+\frac{205}{13}\right),$$

$$5252 = \left(\frac{697}{1}+\frac{1}{697}\right)\left(\frac{5}{37}+\frac{37}{5}\right),$$

$$32976266756 = \left(\frac{33169}{1}+\frac{1}{33169}\right)\left(\frac{17}{257}+\frac{257}{17}\right)$$

更有趣的是, 我们可以得到无穷多组解满足方程 (5.21) 或 (5.22), 即 abcd 方程. 例如, $(c,d)=(1,1),(41,137),(386,35521)$, 每一组都产生一个序列, 每个序列中任何两个相邻的数都会产生 (5.22) 的一个解, 我们取 $a=c^2+d^2, b=1$, 则 (a,b,c,d) 对应的是

$$n = \frac{\left\{(c^2+d^2)^2+1\right\}}{cd}.$$

前三组序列是

$$\cdots, 41761, 17, 2, 1, 1, 2, 17, 41761, \cdots,$$
$$\cdots, 20626, 41, 137, 8592082, \cdots,$$
$$\cdots, 624977, 386, 35531, \cdots,$$

其中, 每个相邻的三数组 $\{a,b,c\}$ 满足 $ac=b^4+1$.

定理 5.12　在定理 5.9 第二部分假设下, 若 $n\pm4$ 有模 4 余 3 的素因子 p, 则必 $p^{2k}\|n\pm4$, 其中 k 为正整数.

证　由定理 5.9 的证明可知, 若 (5.19) 有解, 则存在正整数 $a,b,c,d,(a,b)=(c,d)=1, ab=cd$, 使得

$$nab = (a \pm b)^2 + (c \mp d)^2.$$

由二次剩余理论易知, a, b 不存在模 4 余 3 的素因子. 移项可得

$$(n \pm 4)ab = (a \pm b)^2 + (c \pm d)^2. \tag{5.23}$$

设有素数 $p \equiv 3 \pmod 4$, 满足 $p \mid n + 4$, 若 $p \nmid c + d$, 由二次剩余理论知 (5.23) 不可能成立; 而若 $p \mid c + d$, 则 $p \mid a + b$, 故 $p^2 \mid n + 4$. 又若 $p^k \mid n + 4, k > 2$, 将 (5.23) 两端除以 p^2, 继续之, 可证得 $p^{2k} \mid n + 4$. 同理可证, 若有 $p \equiv 3 \pmod 4$, 满足 $p \mid n - 4$, 则有 $p^{2k} \| n - 4$. 定理 5.12 得证.

推论 5.3 对于任意非负整数 k, 若 $n = F_{2k-3} F_{2k+3}$, 则 n 必为奇数或满足 $4 \| n, n$ 不含模 4 余 3 的素因子; 且若 $n \pm 4$ 有模 4 余 3 的素因子 p, 则必 $p^{2k} \| n \pm 4$, 其中 k 为正整数.

推论 5.4 当 $n = 4m$ 时, 若 abcd 方程有解, 则必 $m \equiv 1 \pmod 8$.

证 由定理 5.9, $m \equiv 1 \pmod 4$, 若 $m = 8k + 5$, 则 $n + 4 = 8(4l + 3)$, $n + 4$ 必含模 4 余 3 的素因子. 而由定理 5.12, 设 $p \mid n + 4$, 则必 $p^{2k} \| n + 4$, 与 $n + 4 = 8(4l + 3)$ 矛盾! 故必 $m \equiv 1 \pmod 8$.

由定理 5.9、定理 5.10 和定理 5.12, 在不超过 1000 的正整数里, 除了 4, 5, 13, 68, 445 和 580 有解以外, abcd 方程有解的可能的 n 为 41, 85, 113, 149, 229, 265, 292, 365, 373, 401, 481, 545, 761, 769, 797, 877, 905, 932.

猜想 5.3 若正整数 $n \equiv 1 \pmod 8$, 则 abcd 方程无解.

猜想 5.4 若 $n = 4m$, abcd 方程有解, 则必 $m \equiv 1 \pmod{16}$.

备注 5.2 在上述两个猜想成立的条件下, 1000 以内有可能使 abcd 方程有解的 n 尚有 85, 149, 229, 365, 373, 797, 877.

问题 5.1 是否存在多个正整数 n, 使得 (5.21) 无解而 abcd 方程有解?

5.9 椭圆曲线的应用

下面我们讨论 (5.19) 有解时解的个数. 由算术–几何不等式, 易知 $n = 4$ 时, (5.19) 有唯一解. 对于 $n > 4$ 的情形, 我们需要把 (5.19) 转化为椭圆曲线.

定理 5.13 设 $n > 4$,

$$E_n : Y^2 = X^3 + (n^2 - 8) X^2 + 16X$$

是一簇椭圆曲线, 则 (5.19) 有解当且仅当 E_n 上有满足 $X < 0$ 的有理点.

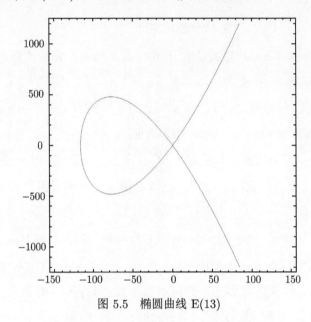

图 5.5   椭圆曲线 E(13)

证   设 $x \geqslant 1, y \geqslant 1, x + y > 2$, 考虑变换

$$\begin{cases} x = \dfrac{s + nt}{2(t + t^2)}, \\ y = \dfrac{s + nt}{2(1 + t)}, \end{cases} \quad s, t > 0, \tag{5.24}$$

其逆变换为

$$\begin{cases} t = \dfrac{y}{x}, \\ s = \dfrac{2y^2 + (2x - n)y}{x}. \end{cases}$$

故 (5.24) 为 1-1 对应变换. 将其代入 (5.19), 可得

$$n = \frac{(s + nt)^2 + 4t(1 + t^2)^2}{2t(s + nt)}.$$

经化简, 并令

$$\begin{cases} X = -4t, \\ Y = 4s, \end{cases}$$

即得 E_n. 定理 5.13 得证.

这里,

$$\begin{cases} x = \dfrac{2Y - 2nX}{X^2 - 4X}, \\ y = \dfrac{Y - nX}{2(4 - X)}. \end{cases} \tag{5.25}$$

例 5.1 方程

$$5 = x + \frac{1}{x} + y + \frac{1}{y}$$

有唯一的正有理数解 $x = y = 2$.

由定理 5.13 可知, 只需求下列椭圆曲线的解.

$$E_5 : Y^2 = X^3 + 17X^2 + 16X, \quad X < 0.$$

利用 Magma 程序包, 可求得 E_5 的秩为 0. 由著名的莫德尔定理, 有理数域上的椭圆曲线 E_5 的所有有理点构成的集合 $E_5(\mathbb{Q})$ 是有限生成的阿贝尔群, 满足

$$E_5(\mathbb{Q}) \cong E_5(\mathbb{Q})_{tor} \oplus \mathbb{Q}^r,$$

此处 $E_5(\mathbb{Q})_{tor}$ 为 $E_5(\mathbb{Q})$ 的挠部, 经计算可求得 $E_5(\mathbb{Q})$ 的全部有理点为

$$\{(-16, 0), (-4, -12), (-4, 12), (-1, 0), (0, 1), (4, -20), (4, 20), \infty\}.$$

最后一个为无穷远点. 依次代入 (5.25), 可得仅有的一个解是 $x = y = 2$.

对于一般的 n, 利用椭圆曲线的性质和挠点理论, 可以得到下列定理 (参见 [2]).

定理 5.14 当 $n \geqslant 6$ 时, 若 abcd 方程有正有理数解, 则必有无穷多个正有理数解.

例 5.2 方程

$$13 = x + \frac{1}{x} + y + \frac{1}{y} \tag{5.26}$$

有无穷多个正有理数解.

由定理 5.13 知, 只需求下列椭圆曲线的解.

$$E_{13} : Y^2 = X^3 + 161X^2 + 16X, \quad X < 0.$$

利用 Magma 程序包, 可求得 E_{13} 的秩为 1. 再由莫德尔定理, 可求得 E_{13} 的生成元为 $P(X, Y) = (-100, 780)$. 将其代入 (5.26), 即可求得给定方程的第 1 个正有理数解 $\left(\dfrac{2}{5}, 10\right)$ (代入容易验证). 第 2 个解和第 3 个解分别为

$$(x, y) = \left(\frac{924169}{228730}, \frac{1347965}{156818}\right),$$

$$(x, y) = \left(\frac{33896240819350898}{3149745790659725}, \frac{12489591059767450}{8548281631402489}\right).$$

再由定理 5.14, 即知 (5.26) 有无穷多个正有理数解.

5.10　卢卡斯序列

本节我们研究一般的平方完美数问题, 设 A 和 B 为任意整数, 考虑下列方程的正整数解.

$$\sum_{d|n, d<n} d^2 = An + B. \tag{5.27}$$

利用 4.10 节的定义、符号和性质, 我们可以证明下列定理.

定理 5.15　设 P 是整数, 则除了有限多个在范围 $n \leqslant (|A| + |B|)^3$ 内可计算的解以外, (5.27) 的所有正整数解为

(i) $n = U_{2k-1}(P, -1)U_{2k+1}(P, -1)$, 其中 $A = P^2 + 2, B = -P^2 + 1$, 且 $U_{2k-1}(P_s - 1)$ 和 $U_{2k+1}(P, -1)$ 均为素数;

(ii) $n = U_{2k}(P, -1)U_{2k+2}(P, -1)$, 其中 $A = P^2 + 2, B = P^2 + 1$, 且 $U_{2k}(P, -1)$ 和 $U_{2k+2}(P, -1)$ 均为素数;

(iii) $n = U_{k-1}(P, 1)U_{k+1}(P, 1)$, 其中 $A = P^2 - 2, B = P^2 + 1$, 且 $U_{k-1}(P, 1)$ 和 $U_{k+1}(P, 1)$ 均为素数.

在 (ii) 中令 $P = 1$, 在 (iii) 中令 $P = 2$, 分别可得定理 5.1 和定理 5.8 后的推论 5.2.

类似地, 我们有

定理 5.16　设 P 是整数, 则除了有限多个在范围 $n \leqslant (|A| + |B|)^3$ 内可计算的解以外, (5.27) 的所有正整数解为

(i) $n = V_{2k}(P, -1)V_{2k+2}(P, -1)$, 其中 $A = P^2 + 2, B = -P^4 - 4P^2 + 1$, 且 $P^2 + 4$ 无平方因子, $V_{2k}(P, -1)$ 和 $V_{2k+2}(P, -1)$ 均为素数;

(ii) $n = V_{2k-1}(P, -1)V_{2k+1}(P, -1)$, 其中 $A = P^2 + 2, B = P^4 + 4P^2 + 1$, 且 $P^2 + 4$ 无平方因子, $V_{2k-1}(P, -1)$ 和 $V_{2k+1}(P, -1)$ 均为素数;

(iii) $n = V_{k-1}(P, 1)V_{k+1}(P, 1)$, 其中 $A = P^2 + 2, B = -P^4 + 4P^2 + 1$, 且 $P^2 - 4$ 无平方因子, $V_{k-1}(P, 1)$ 和 $V_{k+1}(P, 1)$ 均为素数.

同样, 我们可以把定理 5.6、定理 5.7 和定理 5.8 推广到卢卡斯序列上.

为证明定理 5.15 和定理 5.16, 我们需要以下引理.

下面的引理 5.10 来自 On the Lucas property of linear recurrent sequences(H. Zhong and T. Cai, Int. J. Number Theory, 2017, 13(6): 1617-1625), 引理 5.11 和引理 5.14 来自 Enumerable sets are diophantine(Y. V. Matiyasevich, Dokl. Akad. Nauk SSSR, 1970, 191: 279–282), 引理 5.12 和引理 5.13 来自 Representation of solutions of Pell equations using Lucas sequences(J. P. Jones, Acta Acad.paedagog.agriensis Sect.mat., 2003, 30: 75-86).

设 $\{A_n\}$ 为满足下列递推关系的整数序列

$$A_n = uA_{n-1} + vA_{n-2} \quad (n \geqslant 2),$$

其中, A_0, A_1 和 u, v 均为给定的整数.

引理 5.10 对于任意正整数 $n \geqslant r \geqslant 0$, 恒有

$$A_{n+r}A_{n-r} - A_n^2 = (-v)^{n-r}s^2(r-1, u, v)\left(vA_0^2 + uA_0A_1 - A_1^2\right),$$

这里 $s(k, u, v) = \sum\limits_{i=0}^{\left[\frac{k}{2}\right]} \binom{k-i}{i} u^{k-2i}v^i$.

在引理 5.10 中取 $u = 1$, 可得下列等式.

若 $v = 1$, 则有

$$1 + A_{2n}^2 + A_{2n+2}^2 = \left(u^2 + 2\right) A_{2n}A_{2n+2} - u^2 \left(A_0^2 + uA_0A_1 - A_1^2\right) + 1,$$

$$1 + A_{2n-1}^2 + A_{2n+1}^2 = \left(u^2 + 2\right) A_{2n-1}A_{2n+1} + u^2 \left(A_0^2 + uA_0A_1 - A_1^2\right) + 1.$$

若 $v = -1$, 则有

$$1 + A_{n-1}^2 + A_{n+1}^2 = \left(u^2 - 2\right) A_{n-1} A_{n+1} + u^2 \left(A_0^2 + u A_0 A_1 - A_1^2\right) + 1.$$

由以上诸等式, 容易推出定理 5.15 和定理 5.16 中, 形如 $n = pq$ 的整数就是方程 (5.27) 的解.

引理 5.11   方程 $x^2 - (P^2 + 4) y^2 = 4$ 的所有正整数解为 $x = V_{2k}(P, -1)$, $y = U_{2k}(P, -1)$.

引理 5.12   方程 $x^2 - (P^2 + 4) y^2 = -4$ 的所有正整数解为 $x = V_{2k+1}(P, -1)$, $y = U_{2k+1}(P, -1)$.

引理 5.13   方程 $x^2 - (P^2 - 4) y^2 = 4$ 的所有正整数解为 $x = V_k(P, 1)$, $y = U_k(P, 1)$.

设 k 和 l 为整数, 则下列恒等式容易验证.

引理 5.14   (i) $V_k(P, Q) = U_{k+l}(P, Q) - Q U_{k-l}(P, Q)$;

(ii) $(P^2 - 4Q) U_k(P, Q) = V_{k+l}(P, Q) - Q V_{k-l}(P, Q)$.

定理 5.15 的证明   由 (5.13) 我们可得

$$(2p - Aq)^2 - \left(A^2 - 4\right) q^2 = 4(B - 1). \tag{5.27}$$

(i) 在 (5.27) 中取 $(A, B) = (P^2 + 2, -P^2 + 1)$, 我们有

$$\left\{2p - \left(P^2 + 2\right) q\right\}^2 - P^2 \left(P^2 + 4\right) q^2 = -4P^2.$$

令 $r = \left\{2p - \left(P^2 + 2\right) q\right\} / P$, 则 r 是满足 $r^2 - (P^2 + 4) q^2 = -4$ 的整数. 由引理 5.12, $(r, q) = (\pm V_{2k+1}(P, -1), U_{2k+1}(P, -1))$ 对某个整数 k 成立. 类似地, 由引理 5.14(i) 可得 $p = U_{2k-1}(P, -1)$ 或 $U_{2k+3}(P, -1)$. 故而, $n = U_{2k-1}(P, -1) U_{2k+1} \cdot (P, -1)$, 其中 $U_{2k-1}(P, -1)$ 和 $U_{2k+1}(P, -1)$ 均为素数.

(ii) 在 (5.27) 中取 $(A, B) = (P^2 + 2, P^2 + 1)$, 我们有

$$\left\{2p - \left(P^2 + 2\right) q\right\}^2 - P^2 \left(P^2 + 4\right) q^2 = 4P^2.$$

令 $r = \left\{2p - \left(P^2 + 2\right) q\right\} / P$, 则 r 是满足 $r^2 - (P^2 + 4) q^2 = 4$ 的整数. 由引理 5.11, $(r, q) = (\pm V_{2k}(P, -1), U_{2k}(P, -1))$ 对某个整数 k 成立. 由引理 5.14(i) 和卢卡斯序列的递推公式, 可分两种情形.

情形 1　 $(r,q) = (V_{2k}(P,-1), U_{2k}(P,-1))$，此时有

$$
\begin{aligned}
p &= \left\{ rP + \left(P^2 + 2 \right) q \right\} / 2 \\
&= \left\{ P V_{2k}(P,-1) + \left(P^2 + 2 \right) U_{2k}(P,-1) \right\} / 2 \\
&= \left\{ P U_{2k-1}(P,-1) + P U_{2k+1}(P,-1) + \left(P^2 + 2 \right) U_{2k}(P,-1) \right\} / 2 \\
&= \left\{ P \left(U_{2k+1}(P,-1) - P \left(U_{2k}(P,-1) \right) \right) + P U_{2k+1}(P,-1) \right. \\
&\quad \left. + \left(P^2 + 2 \right) U_{2k}(P,-1) \right\} / 2 \\
&= \left\{ 2P \left(U_{2k+1}(P,-1) + 2 U_{2k}(P,-1) \right) \right\} / 2 \\
&= U_{2k+2}(P,-1).
\end{aligned}
$$

情形 2　 $(r,q) = (-V_{2k}(P,-1), U_{2k}(P,-1))$，此时有

$$
\begin{aligned}
p &= \left\{ rP + \left(P^2 + 2 \right) q \right\} / 2 \\
&= \left\{ -P V_{2k}(P,-1) + \left(P^2 + 2 \right) U_{2k}(P,-1) \right\} / 2 \\
&= \left\{ -P U_{2k-1}(P,-1) - P U_{2k+1}(P,-1) + \left(P^2 + 2 \right) U_{2k}(P,-1) \right\} / 2 \\
&= \left\{ -P U_{2k-1}(P,-1) - P \left(P U_{2k}(P,-1) + U_{2k-1}(P,-1) \right) \right. \\
&\quad \left. + \left(P^2 + 2 \right) U_{2k}(P,-1) \right\} / 2 \\
&= \left\{ 2 U_{2k}(P,-1) - 2 P U_{2k-1}(P,-1) \right\} / 2 \\
&= U_{2k-2}(P,-1).
\end{aligned}
$$

故而, $n = U_{2k}(P,-1) U_{2k+2}(P,-1)$，其中 $U_{2k}(P,-1)$ 和 $U_{2k+2}(P,-1)$ 均为素数.

(iii) 在 (5.27) 中取 $(A,B) = (P^2 - 2, P^2 + 1)$，我们有

$$
\left\{ 2p - \left(P^2 - 2 \right) q \right\}^2 - P^2 \left(P^2 - 4 \right) q^2 = 4P^2.
$$

令 $r = \left\{ 2p - \left(P^2 - 2 \right) q \right\} / P$，则 r 是满足 $r^2 - \left(P^2 - 4 \right) q^2 = 4$ 的整数. 由引理 5.13, $(r,q) = (\pm V_k(P,1), U_k(P,1))$ 对某个整数 k 成立. 类似地, 由引理 5.14(i) 可得 $p = U_{k-2}(P,1)$ 或 $U_{k+2}(P,1)$. 故而, $n = U_{k-1}(P,1) U_{k+1}(P,1)$，其中 $U_{k-1}(P,1)$ 和 $U_{k+1}(P,1)$ 均为素数. 定理 5.15 得证.

定理 5.16 的证明　(i) 在 (5.27) 中取 $(A, B) = (P^2 + 2, -P^4 - 4P^2 + 1)$, 我们有

$$\left\{2p - \left(P^2 + 2\right)q\right\}^2 - P^2\left(P^2 + 4\right)q^2 = -4P^2\left(P^2 + 4\right).$$

令 $r = \dfrac{2p - \left(P^2 + 2\right)q}{P\left(P^2 + 4\right)}$, 则 r 是满足 $q^2 - \left(P^2 + 4\right)r^2 = 4$ 的整数, 这是因为 $P^2 + 4$ 无平方因子. 由引理 5.11, $(r, q) = (\pm U_{2k}(P, -1), V_{2k}(P, -1))$ 对某个整数 k 成立. 类似地, 由引理 5.14(ii) 和递推公式, 可分成两种情形.

情形 1　$(r, q) = (U_{2k}(P, -1), V_{2k}(P, -1))$, 此时有

$$
\begin{aligned}
p &= \left\{rP\left(P^2 + 4\right) + \left(P^2 + 2\right)q\right\}/2\\
&= \left\{P\left(P^2 + 4\right)U_{2k}(P, -1) + \left(P^2 + 2\right)V_{2k}(P, -1)\right\}/2\\
&= \left\{PV_{2k-1}(P, -1) + PV_{2k+1}(P, -1) + \left(P^2 + 2\right)V_{2k}(P, -1)\right\}/2\\
&= \left\{P\left(V_{2k+1}(P, -1) - PV_{2k}(P, -1)\right) + PV_{2k+1}(P, -1)\right)\\
&\quad + \left(P^2 + 2\right)V_{2k}(P, -1)\right\}/2\\
&= \left\{2PV_{2k+1}(P, -1) + 2V_{2k}(P, -1)\right\}/2\\
&= V_{2k+2}(P, -1).
\end{aligned}
$$

情形 2　$(r, q) = (-U_{2k}(P, -1), V_{2k}(P, -1))$, 此时有

$$
\begin{aligned}
p &= \left\{rP\left(P^2 + 4\right) + \left(P^2 + 2\right)q\right\}/2\\
&= \left\{-P\left(P^2 + 4\right)U_{2k}(P, -1) + \left(P^2 + 2\right)V_{2k}(P, -1)\right\}/2\\
&= \left\{-PV_{2k-1}(P, -1) - PV_{2k+1}(P, -1) + \left(P^2 + 2\right)V_{2k}(P, -1)\right\}/2\\
&= \left\{-PV_{2k-1}(P, -1) - P\left(PV_{2k}(P, -1)\right) + V_{2k-1}(P, -1)\right)\\
&\quad + \left(P^2 + 2\right)V_{2k}(P, -1)\right\}/2\\
&= \left\{2V_{2k}(P, -1) - 2PV_{2k-1}(P, -1)\right\}/2\\
&= V_{2k-2}(P, -1),
\end{aligned}
$$

故而, $n = V_{2k}\left(P_s - 1\right)V_{2k+2}(P, -1)$, 其中 $V_{2k}(P, -1)$ 和 $V_{2k+2}\left(P_s - 1\right)$ 均为素数.

(ii) 在 (5.27) 中取 $(A, B) = (P^2 + 2, P^4 + 4P^2 + 1)$, 我们有

$$\left\{2p - \left(P^2 + 2\right)q\right\}^2 - P^2\left(P^2 + 4\right)q^2 = 4P^2\left(P^2 + 4\right).$$

令 $r = \dfrac{2p - \left(P^2 + 2\right)q}{P\left(P^2 + 4\right)}$, 则 r 是满足 $q^2 - \left(P^2 + 4\right)r^2 = -4$ 的整数, 这是因为 $P^2 + 4$ 无平方因子. 由引理 5.12, $(r, q) = (\pm U_{2k+1}(P, 1), V_{2k+1}(P, -1))$ 对某个整数 k 成立. 由引理 5.14(ii), 我们可以推出, $p = V_{2k-1}(P, -1)$ 或 $V_{2k+3}(P, -1)$. 故而, $n = V_{2k-1}(P, -1)V_{2k+1}(P, -1)$, 其中 $V_{2k-1}(P, -1)$ 和 $V_{2k+1}(P, -1)$ 均为素数.

(iii) 在 (5.27) 中取 $(A, B) = (P^2 - 2, -P^4 + 4P^2 + 1)$, 我们有

$$\left\{2p - \left(P^2 - 2\right)q\right\}^2 - P^2\left(P^2 - 4\right)q^2 = -4P^2\left(P^2 - 4\right).$$

令 $r = \dfrac{2p - \left(P^2 - 2\right)q}{P\left(P^2 - 4\right)}$, 则 r 是满足 $q^2 - \left(P^2 - 4\right)r^2 = 4$ 的整数, 这是因为 $P^2 - 4$ 无平方因子. 由引理 5.13, $(r, q) = (\pm U_k(P, 1), V_k(P, 1))$ 对某个整数 k 成立. 由引理 5.14(ii), 我们可以推出, $p = V_{k-2}(P, 1)$ 或 $V_{k+2}(P, 1)$. 故而, $n = V_{k-1}(P, 1)V_{k+1}(P, 1)$, 其中 $V_{k-1}(P, 1)$ 和 $V_{k+1}(P, 1)$ 均为素数.

定理 5.16 得证.

以上定理的证明另见 (钟豪、蔡天新, Perfect numbers and Fibonacci primes (Ⅲ), arXiv:1709.06337).

最后, 我们想问: 关于德波利尼亚克猜想的推广——迪克森猜想, 以及推广的推广——谢宾斯基-辛策尔猜想, 是否有相应于定理 5.8、定理 5.15 或定理 5.16 的等价形式? 或者, 是否存在二次整系数多项式 $f(n) = an^2 + bn + c$, 使得

$$\sum_{d \mid n, d < n} d^2 = f(n)$$

的解 (除去有限多个可计算的解以外) 有一个与素数相关的表达式?

20 世纪伟大的物理学家爱因斯坦 (Albert Einstein, 1879—1955) 曾在自传笔记里写道: "正确的定律不可能是线性的, 它们也不可能由线性导出." 这可能是他发现狭义相对论的质能转换公式以后得意心情的流露, 虽有些极端, 但在本书获得了印证.

参 考 文 献

[1] 皮·奥迪弗雷迪. 数学世纪: 过去 100 年间 30 个重大问题. 胡作玄, 译. 上海: 上海科学技术出版社, 2012.

[2] 蔡天新. 经典数论的现代导引. 北京: 科学出版社, 2021. A Modern Introduction to Classical Number Theory, World Scientific Press, 2021.

[3] Dickson L E. History of the Theory of Numbers: I-III, New York: Chelsea Publishing Company, 1952.

[4] 莫·克莱因. 古今数学思想: 4 卷. 张理京、张锦炎, 江泽涵, 等译. 上海: 上海科学技术出版社, 2002.

[5] Hardy G H. An Introduction to the Theory of Numbers. Oxford: Oxford University Press, 1979.

[6] 弗·卡约里. 物理学史. 戴念祖, 译, 范岱年, 校. 桂林: 广西师范大学出版社, 2002.

[7] Koshy T. Fibonacci and Lucas Numbers with Applications. New York: John Wiley & Sons, INC., 2001.

[8] Ribenboim P. The New Book of Prime Number Records. New York: Springer, 1995.

[9] Rosen K H. Elementary Number Theory and Its Applications. 5rd ed. London: Addison Wesley, 2004.

附录 1 前 100 个斐波那契数及其因子分解式

附表 1 前 100 个斐波那契数及其因子分解式

n	F_n	F_n 的因子分解
1	1	1
2	1	1
3	2	2
4	3	3
5	5	5
6	8	2^3
7	13	13
8	21	$3 \cdot 7$
9	34	$2 \cdot 17$
10	55	$5 \cdot 11$
11	89	89
12	144	$2^4 \cdot 3^2$
13	233	233
14	377	$13 \cdot 29$
15	610	$2 \cdot 5 \cdot 61$
16	987	$3 \cdot 7 \cdot 47$
17	1,597	1597
18	2,584	$2^3 \cdot 17 \cdot 19$
19	4,181	$37 \cdot 113$
20	6,765	$3 \cdot 5 \cdot 11 \cdot 41$
21	10,946	$2 \cdot 13 \cdot 421$
22	17,711	$89 \cdot 199$
23	28,657	28657
24	46,368	$2^5 \cdot 3^2 \cdot 7 \cdot 23$
25	75,025	$5^2 \cdot 3001$
26	121,393	$233 \cdot 521$
27	196,418	$2 \cdot 17 \cdot 53 \cdot 109$
28	317,811	$2 \cdot 13 \cdot 29 \cdot 281$

续表

n	F_n	F_n 的因子分解
29	514,229	514229
30	832,040	$2^3 \cdot 5 \cdot 11 \cdot 31 \cdot 61$
31	1,346,269	$577 \cdot 2417$
32	2,178,309	$3 \cdot 7 \cdot 47 \cdot 2207$
33	3,524,578	$2 \cdot 89 \cdot 19801$
34	5,702,887	$1597 \cdot 3571$
35	9,227,465	$5 \cdot 13 \cdot 141961$
36	14,930,352	$2^4 \cdot 3^3 \cdot 17 \cdot 19 \cdot 107$
37	24,157,817	$73 \cdot 149 \cdot 2221$
38	39,088,169	$37 \cdot 113 \cdot 9349$
39	63,245,986	$2 \cdot 233 \cdot 135721$
40	102,334,155	$3 \cdot 5 \cdot 7 \cdot 11 \cdot 41 \cdot 2161$
41	165,580,141	$2789 \cdot 59369$
42	267,914,296	$2^3 \cdot 13 \cdot 29 \cdot 211 \cdot 421$
43	433,494,437	433494437
44	701,408,733	$3 \cdot 43 \cdot 89 \cdot 199 \cdot 307$
45	1,134,903,170	$2 \cdot 5 \cdot 17 \cdot 61 \cdot 109441$
46	1,836,311,903	$139 \cdot 461 \cdot 28657$
47	2,971,215,073	2971215073
48	4,807,526,976	$2^6 \cdot 3^2 \cdot 7 \cdot 23 \cdot 47 \cdot 1103$
49	7,778,742,049	$13 \cdot 97 \cdot 6168709$
50	12,586,269,025	$5^2 \cdot 11 \cdot 101 \cdot 151 \cdot 3001$
51	20,365,011,074	$2 \cdot 1597 \cdot 6376021$
52	32,951,280,099	$3 \cdot 233 \cdot 521 \cdot 90481$
53	53,316,291,173	$953 \cdot 55945741$
54	86,267,571,272	$2^3 \cdot 17 \cdot 19 \cdot 53 \cdot 109 \cdot 5779$
55	139,583,862,445	$5 \cdot 89 \cdot 661 \cdot 474541$
56	225,851,433,717	$3 \cdot 7^2 \cdot 13 \cdot 29 \cdot 281 \cdot 14503$
57	365,435,296,162	$2 \cdot 37 \cdot 113 \cdot 797 \cdot 54833$
58	591,286,729,879	$59 \cdot 19489 \cdot 514229$
59	956,722,026,041	$353 \cdot 2710260697$
60	1,548,008,755,920	$2^4 \cdot 3^2 \cdot 5 \cdot 11 \cdot 31 \cdot 41 \cdot 61 \cdot 2521$

n	F_n	F_n 的因子分解
61	2,504,730,781,961	$4513 \cdot 555003497$
62	4,052,739,537,881	$557 \cdot 2417 \cdot 3010349$
63	6,557,470,319,842	$2 \cdot 13 \cdot 17 \cdot 421 \cdot 35239681$
64	10,610,209,857,723	$3 \cdot 7 \cdot 47 \cdot 1087 \cdot 2207 \cdot 4481$
65	17,167,680,177,565	$5 \cdot 233 \cdot 14736206161$
66	27,77,7890,035,288	$2^3 \cdot 89 \cdot 199 \cdot 9901 \cdot 19801$
67	44,915,570,212,853	$269 \cdot 116849 \cdot 1429913$
68	72,723,460,248,141	$3 \cdot 67 \cdot 1597 \cdot 3571 \cdot 63443$
69	117,669,030,460,994	$2 \cdot 137 \cdot 829 \cdot 18077 \cdot 28657$
70	190,392,490,709,135	$5 \cdot 11 \cdot 13 \cdot 29 \cdot 71 \cdot 911 \cdot 141961$
71	308,061,521,170,129	$6673 \cdot 46165371073$
72	498,454,011,879,264	$2^5 \cdot 3^3 \cdot 7 \cdot 17 \cdot 19 \cdot 23 \cdot 107 \cdot 103681$
73	806,515,533,049,393	$9375829 \cdot 86020717$
74	1,304,969,544,928,657	$73 \cdot 149 \cdot 2221 \cdot 54018521$
75	2,111,485,077,978,050	$2 \cdot 5^2 \cdot 61 \cdot 3001 \cdot 230686501$
76	3,416,454,622,906,707	$3 \cdot 37 \cdot 113 \cdot 9349 \cdot 29134601$
77	5,527,939,700,884,757	$13 \cdot 89 \cdot 988681 \cdot 4832521$
78	8,944,394,323,791,464	$2^3 \cdot 79 \cdot 233 \cdot 521 \cdot 859 \cdot 135721$
79	14,472,334,024,676,221	$157 \cdot 92180471494753$
80	23,416,728,348,467,685	$3 \cdot 5 \cdot 7 \cdot 11 \cdot 41 \cdot 47 \cdot 1601 \cdot 2161 \cdot 3041$
81	37,889,062,373,143,906	$2 \cdot 17 \cdot 53 \cdot 109 \cdot 2269 \cdot 4373 \cdot 19441$
82	61,305,790,721,611,591	$2789 \cdot 59369 \cdot 370248451$
83	99,194,853,094,755,497	99194853094755497
84	160,500,643,816,367,088	$2^4 \cdot 2^5 \cdot 13 \cdot 29 \cdot 83 \cdot 211 \cdot 281 \cdot 421 \cdot 1427$
85	259,695,496,911,122,585	$5 \cdot 1597 \cdot 9521 \cdot 3415914041$
86	420,196,140,727,489,673	$6709 \cdot 144481 \cdot 433494437$
87	679,891,637,638,612,258	$2 \cdot 173 \cdot 514229 \cdot 3821263937$
88	1,100,087,778,366,101,931	$3 \cdot 7 \cdot 43 \cdot 89 \cdot 199 \cdot 263 \cdot 307 \cdot 881 \cdot 967$
89	1,779,979,416,004,714,189	$1069 \cdot 1665088321800481$
90	2,880,067,194,370,816,120	$2^3 \cdot 5 \cdot 11 \cdot 17 \cdot 19 \cdot 31 \cdot 61 \cdot 181 \cdot 541 \cdot 109441$
91	4,660,046,610,375,530,309	$13^2 \cdot 233 \cdot 741469 \cdot 159607993$
92	7,540,113,804,746,346,429	$3 \cdot 139 \cdot 461 \cdot 4969 \cdot 28657 \cdot 275449$
93	12,200,160,415,121,876,738	$2 \cdot 557 \cdot 2417 \cdot 4531100550901$

n	F_n	F_n 的因子分解
94	19,740,274,219,868,223,167	$2971215073 \cdot 6643838879$
95	31,940,434,634,990,099,905	$5 \cdot 37 \cdot 113 \cdot 761 \cdot 9641 \cdot 67735001$
96	51,680,708,854,858,323,072	$2^7 \cdot 3^2 \cdot 7 \cdot 23 \cdot 47 \cdot 769 \cdot 1103 \cdot 2207 \cdot 3167$
97	83,621,143,489,848,422,977	$193 \cdot 389 \cdot 3084989 \cdot 3610402019$
98	135,301,852,344,706,746,049	$13 \cdot 29 \cdot 97 \cdot 6168709 \cdot 59978606$
99	218,922,995,834,555,169,026	$2 \cdot 17 \cdot 89 \cdot 197 \cdot 19801 \cdot 18546805133$
100	354,224,848,179,261,915,075	$3 \cdot 5^2 \cdot 11 \cdot 41 \cdot 101 \cdot 151 \cdot 401 \cdot 3001 \cdot 570601$

附录 2　前 100 个卢卡斯数及其因子分解式

附表 2　前 100 个卢卡斯数及其因子分解式

n	L_n	L_n 的因子分解
1	1	1
2	3	3
3	4	2^2
4	7	7
5	11	11
6	18	$2 \cdot 3^2$
7	29	29
8	47	47
9	76	$2^2 \cdot 19$
10	123	$3 \cdot 41$
11	199	199
12	322	$2 \cdot 7 \cdot 23$
13	521	521
14	843	$3 \cdot 281$
15	1,364	$2^2 \cdot 11 \cdot 31$
16	2,207	2207
17	3,571	3571
18	5,778	$2 \cdot 3^3 \cdot 107$
19	9,349	9349
20	15,127	$7 \cdot 2161$
21	24,476	$2^2 \cdot 29 \cdot 211$
22	39,603	$3 \cdot 43 \cdot 307$
23	64,079	$139 \cdot 461$
24	103,682	$2 \cdot 47 \cdot 1103$
25	167,761	$11 \cdot 101 \cdot 151$

n	L_n	L_n 的因子分解
26	271,443	$3 \cdot 90481$
27	439,204	$2^2 \cdot 19 \cdot 5779$
28	710,647	$7^2 \cdot 4503$
29	1,149,851	$59 \cdot 19489$
30	1,860,498	$2 \cdot 3^2 \cdot 41 \cdot 2521$
31	3,010,349	3010349
32	4,870,847	$1087 \cdot 4481$
33	7,881,196	$2^2 \cdot 199 \cdot 9901$
34	12,752,043	$3 \cdot 67 \cdot 63443$
35	20,633,239	$11 \cdot 29 \cdot 71 \cdot 911$
36	33,385,282	$2 \cdot 7 \cdot 23 \cdot 103681$
37	54,018,521	54018521
38	87,403,803	$3 \cdot 29134601$
39	141,422,324	$2^2 \cdot 79 \cdot 521 \cdot 859$
40	228,826,127	$47 \cdot 1601 \cdot 3041$
41	370,248,451	370248451
42	599,074,578	$2 \cdot 3^2 \cdot 83 \cdot 281 \cdot 1427$
43	969,323,029	$6709 \cdot 144481$
44	1,568,397,607	$7 \cdot 263 \cdot 881 \cdot 967$
45	2,537,720,636	$2^2 \cdot 11 \cdot 19 \cdot 31 \cdot 181 \cdot 541$
46	4,106,118,243	$3 \cdot 4969 \cdot 275449$
47	6,643,838,879	6643838879
48	10,749,957,122	$2 \cdot 769 \cdot 2207 \cdot 3167$
49	17,393,796,001	$29 \cdot 599786069$
50	28,143,753,123	$3 \cdot 41 \cdot 401 \cdot 570601$
51	45,537,549,124	$2^2 \cdot 919 \cdot 3469 \cdot 3571$
52	73,681,302,247	$7 \cdot 103 \cdot 102193207$
53	119,218,851,371	119218851371
54	192,900,153,618	$2 \cdot 3^4 \cdot 107 \cdot 1128427$
55	312,119,004,989	$11^2 \cdot 199 \cdot 331 \cdot 39161$

n	L_n	L_n 的因子分解
56	505,019,158,607	$47 \cdot 10745088481$
57	817,138,163,596	$2^2 \cdot 229 \cdot 9349 \cdot 95419$
58	1,322,157,322,203	$3 \cdot 347 \cdot 1270083883$
59	2,139,295,485,799	$709 \cdot 8969 \cdot 336419$
60	3,461,452,808,002	$2 \cdot 7 \cdot 23 \cdot 241 \cdot 2161 \cdot 20641$
61	5,600,748,293,801	5600748293801
62	9,062,201,101,803	$3 \cdot 3020733700601$
63	14,662,949,395,604	$2^2 \cdot 19 \cdot 29 \cdot 211 \cdot 1009 \cdot 31249$
64	23,725,150,497,407	$127 \cdot 186812208641$
65	38,388,099,893,011	$11 \cdot 131 \cdot 521 \cdot 2081 \cdot 24571$
66	62,113,250,390,418	$2 \cdot 3^2 \cdot 43 \cdot 307 \cdot 261399601$
67	100,501,350,283,429	$4021 \cdot 24994118449$
68	162,614,600,673,847	$7 \cdot 23230657239121$
69	263,115,950,957,276	$2^2 \cdot 139 \cdot 461 \cdot 691 \cdot 1485571$
70	425,730,551,631,123	$3 \cdot 41 \cdot 281 \cdot 12317523121$
71	688,846,502,588,399	688846502588399
72	1,114,577,054,219,522	$2 \cdot 47 \cdot 1103 \cdot 10749957121$
73	1,803,423,556,807,921	$151549 \cdot 11899937029$
74	2,918,000,644,027,443	$3 \cdot 11987 \cdot 81143477963$
75	4,721,424,167,835,364	$2^2 \cdot 11 \cdot 31 \cdot 101 \cdot 151 \cdot 12301 \cdot 18451$
76	7,639,424,778,862,807	$7 \cdot 1091346396980401$
77	12,360,848,946,698,171	$29 \cdot 199 \cdot 229769 \cdot 9321929$
78	20,000,273,725,560,978	$2 \cdot 3^2 \cdot 90481 \cdot 12280217041$
79	32,361,122,672,259,149	32361122672259149
80	52,361,396,397,820,127	$2207 \cdot 23725145626561$
81	84,722,519,070,079,276	$2^2 \cdot 19 \cdot 3079 \cdot 5779 \cdot 62650261$
82	137,083,915,467,899,403	$3 \cdot 163 \cdot 800483 \cdot 350207569$
83	221,806,434,537,978,679	$35761381 \cdot 6202401259$
84	358,890,350,005,878,082	$2 \cdot 7^2 \cdot 23 \cdot 167 \cdot 14503 \cdot 65740583$
85	580,696,784,543,856,761	$11 \cdot 3571 \cdot 1158551 \cdot 12760031$

续表

n	L_n	L_n 的因子分解
86	939,587,134,549,734,843	$3 \cdot 313195711516578281$
87	1,520,283,919,093,591,604	$2^2 \cdot 59 \cdot 349 \cdot 19489 \cdot 947104099$
88	2,459,871,053,643,326,447	$47 \cdot 93058241 \cdot 562418561$
89	3,980,154,972,736,918,051	$179 \cdot 22235502640988369$
90	6,440,026,026,380,244,498	$2 \cdot 3^3 \cdot 41 \cdot 107 \cdot 2521 \cdot 10783342081$
91	10,420,180,999,117,162,549	$29 \cdot 521 \cdot 689667151970161$
92	16,860,207,025,497,407,047	$7 \cdot 253367 \cdot 9506372193863$
93	27,280,388,024,614,569,596	$2^2 \cdot 63799 \cdot 3010349 \cdot 35510749$
94	44,140,595,050,111,976,643	$3 \cdot 563 \cdot 5641 \cdot 4632894751907$
95	71,420,983,074,726,546,239	$11 \cdot 191 \cdot 9349 \cdot 41611 \cdot 87382901$
96	115,561,578,124,838,522,882	$2 \cdot 1087 \cdot 4481 \cdot 11862575248703$
97	186,982,561,199,565,069,121	$3299 \cdot 56678557502141579$
98	302,544,139,324,403,592,003	$3 \cdot 281 \cdot 5881 \cdot 61025309469041$
99	489,526,700,523,968,661,124	$2^2 \cdot 19 \cdot 199 \cdot 991 \cdot 2179 \cdot 9901 \cdot 1513909$
100	792,070,839,848,372,253,127	$7 \cdot 2161 \cdot 9125201 \cdot 5738108801$

索　引

《现代数学基础丛书》已出版书目

(按出版时间排序)